Parth Shah
Ashutosh Shrivastava
Daya Suvagiya

Dinâmica de produção e rentabilidade do milheto de pérola

Parth Shah
Ashutosh Shrivastava
Daya Suvagiya

Dinâmica de produção e rentabilidade do milheto de pérola

Pennisetum glaucum L

ScienciaScripts

Imprint

Any brand names and product names mentioned in this book are subject to trademark, brand or patent protection and are trademarks or registered trademarks of their respective holders. The use of brand names, product names, common names, trade names, product descriptions etc. even without a particular marking in this work is in no way to be construed to mean that such names may be regarded as unrestricted in respect of trademark and brand protection legislation and could thus be used by anyone.

Cover image: www.ingimage.com

This book is a translation from the original published under ISBN 978-620-8-22291-8.

Publisher:
Sciencia Scripts
is a trademark of
Dodo Books Indian Ocean Ltd. and OmniScriptum S.R.L publishing group

120 High Road, East Finchley, London, N2 9ED, United Kingdom
Str. Armeneasca 28/1, office 1, Chisinau MD-2012, Republic of Moldova, Europe
Printed at: see last page
ISBN: 978-620-8-31827-7

Conteúdo

CAPÍTULO I

INTRODUÇÃO

Entre as culturas de painço cultivadas na Índia, o painço pérola (*Pennisetum glaucum* L.), também conhecido como "Bajra", é o mais popular e amplamente cultivado. O painço pérola é o principal alimento de base nas regiões áridas e semi-áridas da Índia. Pode ser considerado um alimento para os pobres. É largamente cultivado como uma cultura da estação das chuvas em condições de sequeiro na Ásia e em África. As provas sugerem que a Índia começou a cultivar painço antes de 3300 a.C. e até hoje é o maior produtor da cultura.

O milho-miúdo está bem adaptado a zonas de cultivo caracterizadas por seca, baixa fertilidade do solo e temperaturas elevadas. Tem um bom desempenho em solos com elevada salinidade ou baixo pH. Devido à sua tolerância a condições de crescimento difíceis, pode ser cultivado em zonas onde outras culturas de cereais, como o milho ou o trigo, não sobreviveriam. A cultura está bem adaptada a zonas agrícolas afectadas por secas severas, fraca fertilidade do solo e temperaturas elevadas. Também cresce bem em solos com elevada salinidade ou baixo pH (altamente ácidos). Estas plantas têm raízes profundas e necessitam de níveis elevados de azoto, fósforo e potássio, pelo que não necessitam dos níveis de fertilidade exigidos por outras culturas. Estas caraterísticas fazem do milheto pérola a melhor opção de cultivo para regiões de terra firme com baixos investimentos. .

Os grãos secos de milho-miúdo são transformados em farinha, de cor castanha clara a acinzentada, com um sabor a noz. Tradicionalmente, é moído à mão num almofariz de madeira, dando origem a uma farinha com cerca de 85% de extração. É habitualmente utilizada na preparação de pão, parathas recheadas, dokhlas, chaklis, bolachas, muffins, chapatis e biscoitos. A farinha é geralmente utilizada no inverno, pois é conhecida por aquecer o corpo. É também cozida para fazer uma papa Tamil chamada "kamban choru" ou "kamban koozh". Na cozinha do Rajastão, o "bajre ki khatti rabdi" é um prato tradicional do Rajastão confeccionado com farinha de milho-miúdo e iogurte.

O painço, incluindo o painço pérola, tem um teor nutricional muito elevado. Verifica-se que qualquer painço é, pelo menos, três a cinco vezes superior em termos nutricionais ao arroz e ao trigo em termos de proteínas, minerais, vitaminas e contém também 5 a 6% de óleo. O painço é rico em vitaminas B, cálcio, ferro, potássio, magnésio, zinco, ácido fólico e previne a anemia. As escolhas do estilo de vida urbano e os hábitos alimentares associados deram origem a uma série de doenças como a diabetes, a obesidade e problemas cardiovasculares como ataques cardíacos, doenças das artérias coronárias, arritmias, etc. O índice glicémico (uma medida da rapidez com que o nosso corpo converte os alimentos em açúcar) é mais baixo do que o do arroz, o que se pensa ser um dos principais factores que contribuem para o aumento das taxas de diabetes na Índia. Assim, as preparações alimentares à base de milho painço são aconselhadas para reduzir a diabetes de tipo 2 e o risco de doenças cardíacas. O painço é uma óptima fonte de amido, o que o torna um alimento rico em energia. É também uma excelente fonte de proteínas e fibras, uma vez que não contém glúten e é altamente nutritivo. Além disso, necessitam de muito pouca água para a sua produção, de um período de crescimento curto em condições de seca e de temperaturas elevadas, razão pela qual o painço é mais popular na Índia, em África e na Ásia. Também necessitam de solos ricos para o seu crescimento, nenhum milheto atrai qualquer praga, pelo que não utilizam fertilizantes ou utilizam poucos fertilizantes e não têm pragas. O painço de pérola é rico em proteínas, ferro, cálcio, ácido fólico e previne a anemia. O seu teor calórico é superior ao do trigo. Também promove um sistema nervoso saudável. Ajuda a superar a acidez devido à sua natureza alcalina.

1.1 Cenário global

O painço de pérola representa cerca de 50% da produção mundial total de painço. É o alimento de base para mais de 90 milhões de agricultores nas regiões áridas e semi-áridas da África Subsariana, da Índia e do Sul da Ásia. A Índia é o maior produtor individual da cultura, tanto em termos de área (7,5 milhões de hectares) como de produção (9,3 milhões de toneladas) no ano de 2017-18 (DES, 2020). O Níger tem uma percentagem muito elevada no que diz respeito à produção total de painço no mundo, seguido pelo Sudão, Nigéria, Mali, China, etc... A região da África Ocidental e Central (WCA) tem grandes áreas cultivadas com painço (15,7 milhões de hectares), das quais mais de 90% são de painço pérola. O consumo global de painço diminuiu a uma taxa de 0,9% e espera-se que registe um movimento positivo durante 2019-2024. O mercado do painço deverá crescer (CAGR-1,1%) do seu valor de mercado atual de mais de 9 mil milhões de dólares para mais de 12 mil milhões de dólares até 2025. Iniciativas governamentais favoráveis para proliferar o tamanho do mercado global de painço entre 2019-2025 (Anon, 2020).

1.2 Cenário indiano

Atualmente, a disponibilidade per capita de terras cultiváveis na Índia diminuiu de 0,48 hectares em 1951 para 0,11 hectares em 2016-17, devendo diminuir para 0,08 hectares em 2050. As terras agrícolas da Índia são 182 milhões de hectares e 67 milhões de hectares são terras florestais. Cerca de 80% da produção de milho-miúdo da Índia provém de Haryana, Gujarat, Rajasthan e Uttar Pradesh. Registaram-se grandes flutuações na produção de milho-miúdo, que passou de um mínimo de 2,6 milhões de toneladas em 1950-51 para um máximo de 12,11 milhões de toneladas em 2003-04 e 9,73 milhões de toneladas em 2016-17. Os rendimentos também variaram muito, de um mínimo de 286 kg/hectare em 1960-61 para um máximo de 1141 kg/hectare em 2003-04, que saltou para 1305 kg/ha no ano de 2016-17 (DES, 2020).

O Rajastão, com a sua enorme área geográfica de 342,7 lakh hectares, é o maior Estado da Índia. O Estado é predominantemente agrícola, com 75% da população a viver em zonas rurais. A agricultura e as actividades conexas contribuíram com 26,54% do Valor Acrescentado Líquido do Estado a preços constantes de 2011-12, enquanto a sua parte no Valor Acrescentado Bruto do Estado é de 25,92% em 2016-17 (Economic Review, 2017-18). É o maior produtor de milheto de pérola na Índia. A contribuição deste Estado para a produção de milho-miúdo foi de apenas 15,46% em 2002-03, embora este Estado fosse responsável por mais de 42% das terras da Índia cultivadas com milho-miúdo. Atualmente, é o maior produtor de milho-miúdo, com 43% da produção e 56% das terras cultivadas em 2016-17 (DES, 2020). Os principais distritos produtores de milho-miúdo são Barmer, Nagaur, Jalore, Jodhpur, Pali, Sikar, Churu, Ganganagar, Hanumangarh, Bikaner, Alwar, Bharatpur, Jaipur, Jaisalmer, Jhunjhunu e Sawai Madhopur.

O Uttar Pradesh é o segundo maior produtor, tendo sido produzidas 1119,9 mil toneladas de milho-miúdo em 2003-04, o que atingiu 1736 mil toneladas (19,39% da Índia) em 2016-17 (DES, 2020). A principal produção provém de Mathura, Agra, Aligarh, Badaun, Moradabad, Etah, Etawah, Bulandshahar, Shahjahanpur, Mainpuri, Pratapgarh, Ghazipur, Farrukhabad, Allahabad e Kanpur.

Haryana é o terceiro maior produtor, mas a importância deste Estado como produtor tem vindo a diminuir. A produção de milho-miúdo foi de 1006 mil toneladas em 2003-04, tendo diminuído para 964 mil toneladas, o que representou 10% da produção no ano de 2016-17 (DES, 2020). A maior parte da produção provém da parte mais seca do sudoeste do Estado, contígua ao Rajastão. Mahendergarh, Rewari, Gurgaon, Rohtak e Hissar são importantes distritos produtores de milho-miúdo.

Gujarat é o quarto produtor mais importante, onde foram produzidas 9,07 lakh toneladas (19,58% do total da Índia) de milho-miúdo em 2002-2003, contribuindo com 10% da produção total, com 931 mil toneladas de produção no ano de 2016-17 (DES, 2020). A maior parte da cultura é efectuada em terrenos arenosos, com uma concentração máxima nas zonas semi-áridas do Estado. Kuchchh, Mehsana, Kheda, Bhavanagar, Amreli, Banaskantha, Surendranagar, Sabarkantha, Jamnagar, Rajkot e Junagadh são os principais distritos do Estado.

1.3 Utilidade prática

Na década de 1970, quase todas as colheitas de milho painço efectuadas no país eram utilizadas para consumo interno. Ao longo dos anos, a produção de painço aumentou na Índia, mas o consumo per capita diminuiu para 50 a 75% do consumo registado na década de 1970. Desde 2005, o painço deixou de ser um alimento de base para a população indiana e passou a ser colhido para ser utilizado como forragem para animais e para preparar álcool. Os agricultores que cultivam painço tentaram adotar várias medidas para incentivar as pessoas a consumir painço, mas esses esforços produziram poucos resultados.

Até há cerca de 40 anos, os indianos consumiam regularmente uma grande variedade de painço, desde o painço de dedo (ou ragi) ao painço de rabo de raposa. Faziam rotis com ele, comiam-no com arroz e tomavam-no ao pequeno-almoço como papa. Nos anos sessenta, a Revolução Verde - um programa nacional que levou à utilização generalizada de variedades de culturas de elevado rendimento, irrigação, fertilizantes e pesticidas - conduziu a um aumento dramático da produção de cereais na Índia. Mas também se concentrou em duas culturas principais - arroz e trigo - que consomem muita água. Atualmente, após quase quatro décadas de agricultura intensiva (e de populações urbanas em crescimento que consomem muita água), a maior parte da Índia enfrenta graves crises de água. Por isso, muitos estados estão a tentar encontrar uma forma mais sustentável de cultivar.

Há muitos factores que tornam o painço mais sustentável como cultura. Compare-se a quantidade de água necessária para cultivar arroz com a do painço. O arroz requer quase 2,5 vezes a quantidade de água necessária para uma única planta de painço da maioria das variedades, de acordo com o Instituto Internacional de Investigação de Culturas para o Semi-Árido (ICRISAT), uma organização de investigação global que ajuda a tornar o painço mais popular. O painço de pérola é um dos painços mais amplamente aceites pelos agricultores devido às suas caraterísticas ambientais desafiantes de tolerância à seca, onde outras culturas como o trigo e o arroz não conseguem sobreviver. É por isso que é cultivado principalmente nas regiões áridas da Ásia, África e América Latina. Felizmente, o milheto não é apenas uma fonte de energia resistente e fiável, mas também uma boa fonte para outras necessidades dietéticas, especialmente micronutrientes.

Também pode suportar temperaturas mais elevadas. Culturas como o arroz e o trigo não podem tolerar temperaturas superiores a 38 graus centígrados (100,4 Fahrenheit), enquanto o painço pode tolerar temperaturas superiores a 46 graus C (115 F). Também podem crescer em solos salinos. Por conseguinte, poderá ser uma solução importante para os agricultores que enfrentam as alterações climáticas - subida do nível do mar (que pode provocar o aumento da salinidade do solo), ondas de calor, secas e inundações.

Um grande obstáculo é o facto de culturas como o arroz, o trigo e a cana-de-açúcar continuarem a ser muito mais rentáveis. Os preços elevados do produto, em comparação com os dos cereais mais consumidos, estão a impedir a penetração no mercado alimentar urbano. O consumo de milho-miúdo, como alimento, diminuiu nos últimos anos, tanto nas zonas urbanas como nas rurais, devido a várias razões, com um aumento concomitante da sua utilização nas indústrias não alimentares (Basavaraj *et al.*, 2010). Nos últimos anos, devido às políticas governamentais favoráveis à distribuição de trigo e arroz a baixo custo através do sistema de distribuição pública (PDS), os consumidores de milho-miúdo nas zonas rurais e urbanas estão a optar pelo arroz e pelo trigo. O painço pérola está a ser cada vez mais utilizado nas indústrias de álcool potável, de amido, de alimentos para aves de capoeira, etc. Para tornar o painço mais atrativo, o governo introduziu uma série de incentivos. Oferece aos agricultores mais do que o preço mínimo de apoio que paga a outras culturas, concede subsídios para as sementes e integrou o painço no sistema de distribuição pública: uma rede nacional que distribui cereais baratos aos pobres. Recentemente, verificou-se que os preços do milho-miúdo aumentaram devido à procura do mercado de exportação e do consumo interno. Os preços à vista aumentaram até 20% no passado e são atualmente Rs 200-400 por quintal mais elevados do que o preço mínimo de apoio (MSP) de Rs 2.000 na maior parte do país. A procura de milho-miúdo está a aumentar nos países europeus e nos países do Golfo, onde o milho-miúdo é utilizado principalmente como alimento para aves. Os contratos de futuros de milho-miúdo para entrega em fevereiro subiram 2% no NCDEX. Os preços dos alimentos para aves registaram uma subida anual de 50% nos últimos três trimestres do presente exercício (Anon., 2020a). Há muito terreno perdido para recuperar, porque o painço ainda não tem uma cadeia de valor eficiente. O grão do painço pérola é grosseiro e necessita de mais processamento do que outras culturas, mas as máquinas para o efeito ainda não chegaram aos agricultores, o que faz com que os agricultores percam a atenção para o cultivo do painço pérola.

O governo estabeleceu parcerias com instituições de investigação para desenvolver sementes de maior rendimento e melhores formas de as processar. Tudo isto está de acordo com as recomendações feitas por um relatório recente do Painel Global sobre Agricultura e Nutrição dos Sistemas Alimentares, que concluiu que as dietas das pessoas estão a piorar à medida que países como a Índia se urbanizam. Isto deve-se ao facto de ser agora mais fácil e mais acessível comprar alimentos não saudáveis, processados e refrigerantes do que alimentos saudáveis. Foi também recomendado que os países investissem mais dinheiro para tornar os alimentos saudáveis, como o milho, a fruta e os legumes, mais acessíveis e fáceis de obter, em vez do arroz e do trigo. Cada vez mais habitantes das aldeias estão a migrar para as cidades em busca de trabalho. Assim, perdem os seus hábitos alimentares tradicionais e é necessário devolver-lhes esses hábitos. Mas pode ser impossível trazer de volta os alimentos tradicionais à base de painço que passaram de moda. Ninguém pode obrigar as pessoas a voltarem aos hábitos alimentares dos seus avós - rotis, bolas de ragi, etc. - mas pode levá-las a comer alimentos à base de milho painço em sintonia com os seus novos hábitos alimentares: cereais para o pequeno-almoço, bolos, massas, produtos de padaria e produtos prontos a cozinhar.

A população da Índia está a aumentar rapidamente, o que constitui um problema premente para o governo. Neste contexto, a cultura do milheto-pérola, como cultura alternativa ao trigo ou ao arroz, desempenhará um papel vital na satisfação da futura procura de 1,7 mil milhões de pessoas na Índia até 2050, para proliferar a dimensão da sua indústria. Os agricultores das regiões áridas e semi-áridas dependem do cultivo do milho-miúdo para a sua subsistência. Além disso, nas condições áridas e semi-áridas, o milho-miúdo é uma importante fonte de forragem e forragem para o gado. Assim, constitui uma cultura importante, especialmente para as famílias marginalizadas. Por conseguinte, o aumento da produção de milho-miúdo torna-se importante para aumentar o bem-estar das pessoas pobres nestas regiões. Prevê-se que as captações de água aumentem 50% até 2025 nos países em desenvolvimento e 18% nos países desenvolvidos. Em 60% das cidades europeias com mais de 100.000 habitantes, as águas subterrâneas estão a ser utilizadas a um ritmo mais rápido do que a sua reposição. O milho-miúdo cresce facilmente em clima seco, tem um período de colheita mais curto e requer uma quantidade mínima de água (Anon, 2020). Gujarat, Haryana, Karnataka, M.P., U.P., Maharashtra e Rajasthan são regiões áridas a semi-áridas onde o cultivo do milheto pérola pode ganhar força. A baixa remuneração do milho-miúdo levou os agricultores a optarem por culturas alternativas, como o trigo, o arroz, o milho, o algodão, o guar e o moong. O custo do cultivo do milheto pérola está a aumentar e os preços têm de subir para que os agricultores se mantenham fiéis ao cultivo do milheto pérola (Anon, 2020a). O presente estudo ajudará a estudar o aumento do custo de cultivo do milho-miúdo, a sua produção, os factores que afectam a produção e as perspectivas futuras da produção de milho-miúdo. Os conhecimentos adquiridos com este estudo ajudarão os decisores políticos a desenvolver novas tecnologias para reduzir os custos e tornar os agricultores rentáveis, bem como a melhorar as variedades futuras.

Tendo em conta todos estes pontos de vista, o presente estudo, intitulado **"Dinâmica da produção e rentabilidade do milho painço em diferentes Estados da Índia"**, foi realizado com os seguintes objectivos

1. Calcular as tendências de crescimento e instabilidade na área, produção e rendimento do milho-miúdo em diferentes estados da Índia.
2. Analisar a dinâmica de crescimento do custo e do rendimento do milho-miúdo.
3. Determinar a evolução estrutural da produção de milho-miúdo.
4. Previsão da produção de milho-miúdo.
5. Sugerir alternativas políticas adequadas para aumentar a produção de milho-miúdo.

1.4 Hipótese

1. Estagnação da taxa de crescimento dos parâmetros de superfície, produção e produtividade e menor variabilidade dos custos de cultivo.

2. A quebra estrutural é geralmente inexistente na produção de milho-miúdo durante o período de estudo de 1997-98 a 2016-17 na Índia.

1.5 Limitações do estudo

1. O estudo foi limitado ao período de 1997-98 a 2016-17 e as conclusões só podem ser corroboradas para este período.

2. O estudo baseou-se apenas em dados secundários e os resultados não podem ser generalizados para o campo de um agricultor individual.

CAPÍTULO II

REVISÃO DA LITERATURA

Uma revisão da literatura em qualquer investigação científica específica é indispensável para determinar a extensão, a natureza e a linha de investigação em vários aspectos do problema em consideração. O objetivo da revisão do estudo é avaliar esses estudos no que diz respeito à conceção da amostragem, à metodologia de investigação seguida e às sugestões feitas, de modo a que a referência dos resultados sustentáveis possa ser incorporada no presente estudo e se evite qualquer duplicação do trabalho. Fornece uma panorâmica dos conhecimentos actuais e ajuda a encontrar sugestões adequadas e lacunas no estudo existente.

Neste capítulo procurou-se fazer uma breve revisão de alguns dos estudos com aspetos específicos do problema em investigação apresentados de seguida.

2.1 Revisões de estudos relativos às dimensões de crescimento da área, da produção e da produtividade

2.2 Resenhas de estudos relativos à dinâmica do custo de cultivo do painço

2.3 Revisões de estudos relativos às mudanças estruturais

2.4 Revisões de estudos relativos à previsão da produção de milho-miúdo

2.1. Revisões de estudos relativos às dimensões de crescimento da área, da produção e da produtividade

Vasanta (1992) analisou o crescimento e a instabilidade na agricultura - uma análise empírica na região costeira de ANDHRA PRADESH. Os dados secundários sobre a superfície, a produção e a produtividade foram recolhidos entre 1955-56 e 1989-90 e classificados em três subperíodos: 1. período anterior à revolução verde, de 1955-56 a 1964-65; 2. período da revolução verde, de 1965-66 a 1974-75; 3. período posterior à revolução verde, de 1975-76 a 1989-90. Os resultados mostraram que a produção de cereais alimentares durante a revolução verde provocou um aumento considerável no Estado e na região costeira. O jowar registou um declínio nas taxas de crescimento da produção durante o período da revolução verde. No entanto, a área também não registou qualquer melhoria durante este período. O bajra, o ragi e o painço menor registaram poucas melhorias, tanto em termos de área como de produção. O conjunto dos principais painços registou um aumento significativo das taxas de crescimento da superfície e da produção no período II. O arroz, a bajra, o milho, o ragi, o painço menor, as leguminosas secas e o tabaco registaram instabilidade - em quase todos os parâmetros, nomeadamente a área, a produção e a produtividade em quase todos os distritos da região costeira de Andhra Pradesh.

Kumar (2010) estudou o crescimento e a instabilidade da produção de cereais em Uttar Pradesh, na Índia. Foram recolhidos dados secundários relativos ao período de 1970-2005. Os resultados indicaram que a área, a produção e o rendimento do arroz registaram uma taxa de crescimento significativa e positiva no período de estudo 1970-2005. A área cultivada com arroz aumentou a uma taxa de crescimento composta de 0,90 por cento ao ano. O crescimento da produção e da produtividade do arroz com casca durante o período de estudo registou uma taxa de crescimento composta de 3,92 e 3,02% por ano, respetivamente. A área e a produção de jowar no Estado diminuíram durante a área de estudo, enquanto o rendimento aumentou com uma taxa de crescimento composta de 1,20% por ano devido a mudanças tecnológicas. A área cultivada com bajra no Estado diminuiu com uma taxa de crescimento composta de -0,72% por ano, enquanto a produção e o rendimento aumentaram com uma taxa de crescimento composta de 2,05 e 3,08% por ano, respetivamente. A área, a produção e o rendimento da cultura do trigo no Estado cresceram com uma taxa de crescimento composta de 1,50, 4,12 e 2,73% por ano, respetivamente. A variabilidade da área foi mais elevada durante o período de estudo no caso da cevada, ou seja, 71,39 por cento por ano, seguida do jowar, 48,90 por cento. A variabilidade da produção foi mais elevada no caso do trigo, com 55,44 por cento, seguido do arroz 54,74 por cento. A variabilidade do rendimento é mais elevada no caso da bajra, com 42,67%, seguida do arroz em casca, com 41,51%, e do trigo, com 40,74% por ano.

Ashok e Sasikala (2011) efectuaram um estudo sobre as tendências da produção e a comparação do custo de produção e do preço mínimo de apoio dos cereais grosseiros durante o período de 1970-71 a 2007-08. Os resultados mostraram que, na Índia, a área cultivada com bajra diminuiu no período de 1970-71 a 20072008. Mas a produção de bajra registou um crescimento positivo significativo no mesmo período devido ao aumento da produtividade. A diferença entre o MSP e o custo de produção foi mais elevada no ragi, seguido do bajra, do milho e do jowar.

Ahmed e Joshi (2013) analisaram o crescimento e a instabilidade do algodão em três distritos de Marathawada. Os dados de séries cronológicas sobre a área, a produção e a produtividade foram recolhidos no período de 1977-2007. Os resultados da instabilidade geral indicaram que a produção apresentou maior instabilidade nos três distritos de Marathawada. A instabilidade global mais baixa foi observada na área do distrito de Jalna, seguida dos distritos de Beed e Aurangabad. A produção e o rendimento foram altamente insignificantes ao longo dos períodos objeto de estudo nos três distritos. Isto indica que, em comparação com a área, a produção e o rendimento da cultura do algodão foram altamente insignificantes nos 30 anos do período, o que resultou numa baixa produtividade para o agricultor que cultiva o algodão. A taxa de crescimento composto da área, da produção e do rendimento de Aurangabad é negativamente significativa durante o período I, enquanto os distritos de Beed e Jalna não foram significativos. A partir do período II, observaram-se tendências positivas significativas e crescentes e a mesma tendência no período III, mas o resultado da tendência global do algodão, a área e a produção apresentaram uma taxa de crescimento significativa, mas não significativa em termos de rendimento nos distritos de Aurangabad e Beed. Apenas o distrito de Jalna registou uma taxa de crescimento positiva e significativa em termos de área, produção e rendimento.

Adnan (2014) examinou a mudança do padrão de cultivo de culturas convencionais para culturas de valor acrescentado orientadas para o mercado no leste de Uttar Pradesh, na Índia: Variações e causas. Os dados secundários foram recolhidos desde o período anterior à Revolução Verde (1950-53) até ao período posterior à Revolução Verde (até 2006-09). Os resultados revelaram que a área cultivada com todos os cereais grosseiros, nomeadamente cevada, sorgo, milho-miúdo e milho, diminuiu drasticamente. Registou-se uma diminuição proporcional de 17,16% (de 23,02% para 5,85%). A área cultivada com cereais grosseiros registou uma diminuição contínua de 1524,91 mil hectares para 483,48 mil hectares entre 1950-53 e 2006-09. Do mesmo modo, a percentagem da produção de cereais grosseiros era de 11,49% em 1950-53, tendo diminuído para 1,44% em 2006-09, registando um declínio de 10,05%. A maior parte do declínio na área cultivada com cereais grosseiros foi perdida principalmente para o trigo durante a estação Rabi e para o arroz, a cana-de-açúcar e as sementes oleaginosas na estação Kharif.

Sihmar (2014) analisou o crescimento e a instabilidade da produção agrícola em Haryana: uma análise a nível distrital. Os dados secundários foram recolhidos de 1980-81 a 2006-07, divididos em três períodos: 1980-81 a 1990-91, 1990-91 a 2000-01 e 2000-01 a 2006-07. A produção de quase todas as culturas aumentou durante os anos oitenta, com exceção do milho, da cevada e do masoor, mas durante os anos noventa houve muitas culturas, como o jowar, o milho, a grama, o moong, o masoor e as sementes oleaginosas, que registaram um crescimento negativo da sua produção. A produção de bajra registou um crescimento positivo no primeiro e no terceiro períodos, tendo sido observado um crescimento negativo no segundo período. O resultado do índice de Cuddy-Della Velle mostrou que a instabilidade na produção de trigo, cana-de-açúcar e arroz permanece baixa durante o primeiro período, seguida do algodão desi, do amendoim, da colza e da mostarda, do milho, do masoor, do mal e do algodão americano, que registaram medidas médias de instabilidade. O jowar, o sésamo, o moong, a grama e a bajra registaram uma instabilidade elevada no segundo período, enquanto a instabilidade da produção de arroz e de trigo registou uma tendência acentuada para a baixa.

Moro (2016) estudou o crescimento e a instabilidade da área, da produção e da produtividade das principais culturas em Haryana em relação à Índia. Os dados secundários sobre a área, a produção e a produtividade das principais culturas (trigo, arroz, algodão, painço, colza e mostarda e cana-de-açúcar) em Haryana em relação à Índia, considerando o período de 1966-67 a 2013-14. Os resultados revelaram um aumento significativo das tendências e do crescimento do desempenho económico de todas as principais culturas arvenses nas duas zonas de estudo durante todo o período de estudo. No entanto, verificou-se uma exceção (diminuição da tendência e do crescimento) na área de colheita de milho-miúdo e cana-de-açúcar, tanto em Haryana como na Índia. Além disso, as taxas de crescimento do desempenho económico das culturas foram, na sua maioria, mais elevadas em Haryana do que na Índia para quase todas as culturas, exceto a cana-de-açúcar. Os resultados do índice de Cuddy Della Valle confirmaram a elevada instabilidade do desempenho económico de todas as culturas, tanto no Haryana como na Índia, durante todo o período de estudo. O estudo estabeleceu que, nos cinco subperíodos, os níveis de instabilidade do desempenho económico das culturas diminuíram, exceto em alguns casos, como o do milho-miúdo em Haryana, especificamente no período II, e o do algodão e da colza e mostarda no período III, em ambas as zonas de estudo.

Suseela e Chandrasekaran (2016) examinaram o crescimento e a instabilidade na agricultura de terras secas de Andhra Pradesh. Os dados secundários foram recolhidos antes (1974-1993) e depois (1993-2013) do início das reformas económicas em Andhra Pradesh. Os resultados revelaram que a área cultivada com painço (sorgo, milho, milho-miúdo e painço-dedo) diminuiu e registou um crescimento negativo em ambos os períodos. O jowar e a bajra registaram taxas de crescimento positivas, mas inferiores a um por cento por ano. Esta taxa de crescimento positiva da produção deveu-se ao aumento do rendimento. O ganho na taxa de crescimento do rendimento foi mais elevado no milho (4,9%), seguido do jowar (4,21%) e da bajra (3,35%) durante o segundo período. O índice de instabilidade mostra que a instabilidade da produção de arroz, bajra, amendoim e rícino foi baixa durante o primeiro período, mas passou a ser alta durante o segundo período.

Handral e Sethy (2017) estudaram as tendências da produção e da produtividade de jowar e bajra na Índia. O estudo foi efectuado com base em dados secundários relativos a um período de 22 anos, de 1990-91 a 2012-13. A análise mostra a mudança do padrão de cultivo no país, de grãos grosseiros para culturas de alto rendimento, o que se reflecte no declínio da área de grãos grosseiros em 15% na década de 2000, no entanto, a produtividade está a aumentar tanto no bajra como no jowar devido à libertação de híbridos e variedades melhorados. O rendimento, com relativa instabilidade na maior parte dos Estados, da cultura do jowar e do bajra tem vindo a aumentar ao longo do período, o que constitui um motivo de grande preocupação. O crescimento composto revelou um aumento significativo da produção e da produtividade, mas a taxa de crescimento da expansão da área é negativa, com uma instabilidade crescente tanto na área como na produção a nível de toda a Índia, enquanto a instabilidade do rendimento diminuiu durante o período em todos os Estados. O Uttar Pradesh e o Haryana registaram um crescimento positivo constante da área e da produtividade em ambos os períodos. Gujarat e Rajasthan também registaram um crescimento positivo do rendimento, mas com uma diminuição da expansão da área, enquanto a associação entre o crescimento do rendimento e a instabilidade relativa do rendimento no período II em relação ao período I mostra que apenas Haryana registou um aumento do crescimento do rendimento acompanhado de uma diminuição da instabilidade do rendimento. Enquanto o Rajastão e o Uttar Pradesh registaram um aumento do crescimento do rendimento associado a um aumento da instabilidade do rendimento no período II em comparação com o período I, o Gujarat insere-se na categoria de diminuição do crescimento do rendimento associado a uma diminuição da instabilidade do rendimento.

Kumar et al. (2017) efectuaram um estudo sobre o crescimento e a instabilidade da área, da produção e da produtividade da mandioca em Kerala durante um período de 25 anos. Os resultados da função semilogarítmica revelaram que se registou um declínio significativo da área com uma taxa de crescimento anual composta de 1,37 %, um declínio não significativo da produção de -0,02 % e um aumento significativo da produtividade de 1,3 %. O resultado do índice de instabilidade da copa indicou que a produção (10,59) apresentou maior instabilidade, seguida da produtividade (10,41) e da área (10,63).

Sagolsem *et al.* (2017) estudaram a análise do crescimento e da instabilidade das principais culturas no nordeste da Índia. Os dados secundários da série temporal sobre a área, a produção e a produtividade das principais culturas no Nordeste da Índia foram recolhidos de 1990-91 a 2013-14 e, por sua vez, todo o período foi dividido em 12 anos como fase I (1990-91 a 2001-02) e fase II (2002-03 a 2013-14). Os resultados dos cereais revelaram um crescimento positivo da área, da produção e da produtividade de 0,36, 1,77 e 1,41 por cento, todos significativos mas com baixa instabilidade na fase I. No entanto, durante a fase II, registou-se um crescimento impressionante da área, da produção e da produtividade de 0,64, 2,95 e 2,30 por cento, respetivamente, todos significativos, mas associados a um índice de instabilidade mais elevado do que na fase I.

Ashwini *et al.* (2019) examinaram o crescimento e a instabilidade dos principais painços em Andhra Pradesh, na Índia. Os dados secundários foram recolhidos para os cinco principais distritos de Andhra Pradesh de 1990 a 2017. Os resultados estimaram um crescimento negativo da área e um crescimento positivo da produtividade da bajra, que pode dever-se à substituição da cultura por outras culturas, enquanto o aumento do rendimento pode dever-se à utilização de variedades de elevado rendimento e à utilização de tecnologia. No caso da produção, o estudo a nível estatal revelou uma tendência para o declínio. Observou-se um crescimento positivo na Índia. Os resultados relativos à instabilidade revelaram uma baixa instabilidade na área e uma instabilidade moderada na produção e na produtividade a nível de toda a Índia. A nível estatal, verificou-se uma instabilidade moderada na área de 24,72% e uma instabilidade elevada na produção e no rendimento da cultura de 31,58% e 35,69%, respetivamente. O estudo a nível distrital revelou uma instabilidade elevada em todos os três atributos, exceto em Kurnool em dois atributos (área e rendimento) e em Prakasam no caso do rendimento.

2.2. Resenhas de estudos sobre a dinâmica dos custos de cultivo do painço

Suryavanshi (1991) trabalhou sobre a estrutura de utilização dos recursos e a eficiência da afetação de recursos na cultura de bajra no oeste de Maharashtra. Foram utilizados para o estudo os dados recolhidos durante três anos contínuos: 1980-81, 1981-82 e 1982-83. O custo por hectare do cultivo da bajra HYV foi superior em 16 a 20% ao da bajra local, o que indica que a HYV requer uma tecnologia de custo mais elevado. Os rendimentos da bajra local eram fracos e, como tal, os lucros também eram baixos. O rendimento mais elevado das explorações agrícolas estava associado a um custo mais elevado.

Narayanmurthi *et al.* (2014) trabalharam sobre a rentabilidade do cultivo de culturas de sequeiro? Some insights from cost of cultivation studies during 197172 to 2010-11. O investigador estudou a economia de cinco culturas importantes, nomeadamente bajra, milho, grama, amendoim e algodão, cultivadas em duas condições distintas, a saber, irrigadas e de sequeiro/sem irrigação, em diferentes estados da Índia. Os resultados mostraram também que, em nenhum momento (médias do triénio) entre 1971-72 e 2010-11, a bajra foi rentável, mesmo em condições de regadio, principalmente devido a um aumento substancial do custo C2, de 1843 euros/ha na ET 1973-74 para 4141 euros/ha na ET 2010-11. A cultura de bajra cultivada em condições de sequeiro no Rajastão também está a produzir rendimentos negativos. Isto mostra claramente a inviabilidade económica da bajra tanto nos Estados irrigados como nos menos irrigados.

Raghil Raj (2014) realizou um estudo sobre uma análise económica do cultivo de painço no distrito de Chittoor, em Andhra Pradesh. Os dados primários sobre o custo de cultivo de bjara e ragi foram recolhidos para o ano de 2012-13. Os resultados revelaram que o custo de cultivo do ragi e do bajra foi estimado em 39 162,65 euros e 39 271,85 euros por hectare, respetivamente. Não houve diferença acentuada no custo de cultivo entre os painços selecionados. Os agricultores da amostra incorreram em 1 666,49 euros e 981,80 euros para produzir um quintal de ragi e bajra, respetivamente. Os rendimentos bruto e líquido por hectare de ragi e bajra foram de 55 000 e 15 875,35 euros e 56 000 e 16 728,15 euros, respetivamente. O rendimento líquido por rupia de despesa foi de ?.0.40 e ?.0.43 no cultivo de ragi e bajra, respetivamente.

Chaudhari *et al.* (2015) estudaram o custo de cultivo da bajra de verão no distrito de Banaskantha, no estado de Gujarat, durante 2013-14. Os resultados revelaram que o custo médio do cultivo da bajra foi de 32937 euros por hectare no distrito e que o custo de produção, os retornos sobre o custo-A, o custo-B, o custo-C1 e o custo-C2 diminuíram com o aumento da dimensão das explorações. Os pequenos agricultores têm o custo de produção mais elevado (33840 euros por hectare), seguidos pelos médios agricultores (33312 euros por hectare) e pelos grandes agricultores (31658 euros por hectare). Entre as rubricas individuais, o valor das despesas de irrigação foi o mais elevado, seguido da mão de obra contratada, do valor do aluguer da terra própria, dos fertilizantes químicos, das despesas diversas, da mão de obra familiar, das sementes, etc.

2.3. Revisões de estudos relativos às mudanças estruturais

Rao e Shahid (2005) examinaram a dinâmica do padrão de cultivo nos Estados indianos produtores de sorgo. Os dados secundários sobre a área de todas as principais culturas foram recolhidos nos seis estados-alvo seguintes: Andhra Pradesh, Gujarat, Karnataka, Madhya Pradesh, Maharashtra e Rajasthan durante um período de 29 anos, de 1970 a 1998. As conclusões do TPM indicaram que a cultura do sorgo sacarino tinha uma retenção marginal de 14% e 16% nos distritos de Adilabad e Mahabubnagar de Andhra Pradesh, respetivamente, contra uma probabilidade de retenção razoável de 41% a nível estatal no primeiro período (1970-77) do estudo. A nível do Estado, o sorgo perdeu a sua superfície para o algodão e o amendoim, tendo ganho com o milho, o milheto e o milheto, ao passo que, a nível distrital, Adilabad manteve um padrão semelhante, perdendo a sua superfície para o algodão e o gergelim. No entanto, ganhou com o sésamo e o amendoim. Os resultados do Estado de Maharashtra revelaram uma diminuição da probabilidade de retenção durante o período de estudo. A cultura perdeu principalmente para o amendoim, o milheto e o algodão. O Karnataka registava uma retenção de 31% em 1970-73 e zero até 1991. O amendoim e o algodão eram as culturas concorrentes a nível estatal. O Madhya Pradesh registou uma maior instabilidade na sua área cultivada com sorgo de sequeiro durante a década de 1970, como demonstrado por 11% de retenção no primeiro período e 38% no segundo período.

Basavaraj *et al.* (2010) trabalharam sobre a disponibilidade e a utilização do milho-miúdo na Índia. Os resultados do estudo revelaram que a produção de milho-miúdo está concentrada em Gujarat, Maharashtra e Rajasthan, que representam 70% da produção na Índia. Estes Estados têm também a maior concentração de consumidores de milho-miúdo, uma vez que a maior parte do consumo para fins alimentares tem lugar nas zonas de cultivo. O Haryana era um importante Estado produtor, mas, desde os anos 80, o arroz e o trigo substituíram o milho-miúdo e, atualmente, representa apenas 9% da produção de milho-miúdo no país. A superfície de milho-miúdo na Índia está em constante declínio. Entre 1972-73 e 2004-05, cerca de 3 milhões de hectares foram desviados da cultura do milho-miúdo para outras culturas, como o trigo, a mostarda de colza, o algodão, o grão-de-bico e o amendoim. A redução da área cultivada de milho-miúdo é mais elevada em Gujarat, com um declínio de 48% entre 1971-72 e 2004-05. A mudança de área é também mais proeminente em Haryana, onde o aumento das facilidades de irrigação tornou o cultivo de cereais finos como o arroz (*Oryza sativa*) e o trigo uma atividade mais rentável.

Kammar e Basavraja (2012) estudaram as mudanças estruturais no padrão de cultivo na zona de transição do norte de Karnataka. Os dados da série cronológica foram obtidos para um período de 30 anos (1977-78 a 2006-07), que foram posteriormente divididos em dois subperíodos como períodos pré-liberalização (1977-78 a 1990-91) e pós-liberalização (1991-92 a 2006- 07). Os resultados mostraram que a área cultivada com milho e grão-de-bico apresentou a maior instabilidade e a área cultivada com algodão foi a mais estável no período I. Enquanto no período II, com exceção do arroz, todas as culturas consideradas no estudo mostraram estabilidade e a área cultivada com milho foi a mais estável.

Ardeshna e Shiyani (2013) trabalharam sobre a dinâmica do padrão de cultivo em Gujarat. Os dados sobre a área de diferentes culturas foram recolhidos para o período de 1990-91 a 2007-08. Os resultados revelaram que nenhuma cultura manteve a sua área em Gujarat, mas que a superfície das culturas estava continuamente a mudar de uma cultura para outra ao longo do período. Verificou-se também que o trigo perdeu 100% da sua área para o algodão, seguido de uma perda de 99% da área de bajra para outras culturas durante o mesmo período. Os resultados do TPM no norte e no sul de Gujarat mostraram que o trigo perdeu a sua área de cem por cento para a bajra, seguido de uma perda de 74 por cento da área de rícino para o jowar durante o período I no norte de Gujarat. As outras culturas, jowar, rícino, bajra e trigo, mantiveram 68, 24, 22, 10 e 8 por cento, respetivamente, durante o Período I.

Gangadevi *et al.* (2016) trabalharam sobre o efeito do preço mínimo de apoio e do preço de colheita agrícola nas principais culturas de cereais alimentares de Gujarat. Os resultados revelaram que o MSP e o FHP para todas as culturas selecionadas estavam significativamente correlacionados no sentido positivo. Do mesmo modo, a taxa de crescimento composto do MSP e do FHP para todas as culturas também foi considerada positiva e significativa do ponto de vista estatístico. Observou-se também que não houve impacto significativo da MSF e do FHP na área das principais culturas de cereais alimentares, exceto na cultura de bajra, para a qual o coeficiente de regressão da MSF foi negativo e estatisticamente significativo. Este facto indicou um impacto negativo da PMA na superfície da cultura de bajra.

Anbukkani *et al.* (2017) analisaram a produção e o consumo de painço menor na Índia - uma análise de rutura estrutural. Os dados secundários sobre a área, a produção e a produtividade foram recolhidos de 1955-56 a 2013-14 e analisaram a quebra estrutural do painço menor utilizando o software R. As quebras estruturais foram estimadas com base no método bai-perron, tanto para o milheto como para o milheto menor. No caso da área cultivada com painço menor, observou-se uma quebra estrutural no ano de 1998 e entre 2000 e 2002. As possíveis razões para as alterações observadas podem ser a ocorrência de seca durante esses anos.

Paramasivam *et al.* (2017) analisaram a dinâmica do padrão de utilização das terras e do padrão de cultivo no distrito de Cuddalore, em Tamil Nadu. Os dados secundários sobre a área cultivada com diferentes culturas, incluindo a área irrigada e não irrigada, foram recolhidos entre 1960-61 e 2012-13. Os resultados revelaram que a percentagem de retenção de arroz, oleaginosas e culturas frutícolas era elevada e que a área cultivada com cana-de-açúcar retinha uma percentagem moderada, mantendo-se entre 1960-90 e 1991-2012. A área cultivada com arroz, no entanto, foi gradualmente transferida para a cana-de-açúcar. Resultados semelhantes foram igualmente encontrados no inquérito de campo realizado em 2001 e 2011, em que a parte da superfície cultivada com arroz foi transferida para a cana-de-açúcar, o milho, o algodão, as frutas e os produtos hortícolas.

Manwar e Nagpure (2017) examinaram as mudanças estruturais no padrão de cultivo. Os dados secundários para o período de 10 anos, de 200506 a 2014-15, foram recolhidos para os tahsils viz., Arvi, Ashti, Devali e Samudrapur do distrito de Wardha. A análise da cadeia de Markov foi utilizada para estudar as mudanças estruturais no padrão de cultivo. Os resultados mostraram que a área cultivada com algodão e soja era a mais estável e que a área cultivada com kharif jowar e mung era a mais instável. O algodão e a soja foram as culturas que mais ganharam em termos de área cultivada. Verificou-se que a área cultivada com algodão aumentou durante o período de estudo, enquanto a área cultivada com kharif jowar, soja, mung e udid diminuiu em tahsils selecionados do distrito de Wardha.

Debabrata (2019) estudou a quebra estrutural na produção de arroz: um estudo com países asiáticos. Os dados secundários foram analisados para o período de 1961 a 2016. O teste de pontos de rutura múltiplos de Bai-Perron encontrou mudanças significativas após a revolução verde asiática em valores de nível, mas sem rutura no crescimento. Este estudo também encontrou um aumento acentuado na interceção após a análise de intervenção e resultados mistos utilizando a análise de tendência linear. Países como a China e a Índia apresentaram um impacto positivo na sequência da mudança estrutural, mas países como Myanmar, a Tailândia e o Vietname registaram um efeito negativo que pode estar associado a importantes mudanças institucionais e/ou tecnológicas nestes países, incluindo a crise do arroz de 2008.

2.4. Revisões de estudos relativos à previsão da produção de milho-miúdo

Balanagammal, *et al. (2000) trabalharam na* previsão do cenário agrícola em Tamil Nadu: A time series analysis. Os dados secundários sobre a área, a produção e a produtividade foram recolhidos entre 1956^1957 e 1994^ 1995. Foi desenvolvido um modelo ARIMA para prever a área cultivável, a produção e a produtividade para os cinco anos seguintes, ou seja, 1995^1996 a 1999-2000, considerando 1994-1995 como ano de referência. Os resultados revelaram que a área cultivada das culturas vizinhas do arroz, sorgo, milho-miúdo, milho-de-dedo, grama verde, grama vermelha e amendoim pode diminuir, ao passo que se registou um aumento da área nas culturas vizinhas do milho, grama preta e algodão. O nível de produção de milho-miúdo manteve-se constante, embora a superfície cultivável tenha diminuído. A produtividade das culturas do milho, da gramínea negra, da gramínea verde e do algodão registou uma tendência decrescente durante o período de previsão, enquanto as outras culturas, nomeadamente o arroz, o sorgo, o milheto, o milheto, a gramínea vermelha, a cana-de-açúcar e o amendoim, registaram uma tendência crescente menor.

Chaudhary e Jones (2014) efectuaram um estudo sobre a previsão do rendimento das culturas utilizando modelos de séries cronológicas no Gana. As previsões de rendimento foram comparadas utilizando modelos de suavização exponencial simples, suavização exponencial dupla, suavização exponencial linear de tendência amortecida e modelos ARMA aplicados separadamente a cada distrito. Os modelos ARMA provaram ser modelos de séries temporais mais robustos do que as técnicas de suavização para prever o rendimento das culturas. Esta capacidade de previsão dos modelos ARMA, mesmo com a presença de um "ciclo" de produção agrícola, não depende da duração do ciclo. Por conseguinte, os resultados indicaram que o modelo ARMA é preferível a outros modelos de séries temporais considerados neste estudo.

Rahul *et al.* (2014) trabalharam na previsão da produtividade e da produção de arroz de Odisha, na Índia, utilizando modelos autoregressivos integrados de médias móveis durante o período de 1950-51 a 2008-09. Os resultados mostraram que o modelo ARIMA (2, 1, 0) foi considerado adequado para toda a produtividade e produção de arroz da Índia, enquanto o modelo ARIMA (1, 1, 1) foi o mais adequado para a previsão da produtividade e produção de arroz em Odisha. A previsão foi feita para os três anos imediatamente seguintes, ou seja, 2007-08, 2008-09 e 2009-10, utilizando os modelos ARIMA mais bem ajustados com base no valor mínimo do critério de seleção, ou seja, os critérios de informação de Akaike (AIC) e de Schwarz-Bayesian (SBC).

Neerisha *et al.* (2016) trabalharam na previsão da área, da produção e da produtividade do milheto-pérola em Andhra Pradesh. Foram utilizados os dados secundários sobre a área, a produção e a produtividade de bajra durante um período de 47 anos, ou seja, de 1966 a 2012. Para analisar os dados, foram utilizadas as técnicas de equações lineares e não lineares, ARIMA e suavização exponencial. O modelo cúbico foi identificado como o melhor modelo para a previsão da área, da produção e da produtividade da cultura de bajra até 2020 d.C. Observou-se que havia uma tendência crescente na produção e na produtividade, mas a área estava a diminuir. Verificou-se também que os modelos tradicionais captam a tendência de forma eficaz em comparação com os modelos de séries temporais.

Verma *et al.* (2016) trabalharam sobre o preço de produção do milheto pérola em Rajasthan: Modelo ARIMA. Os dados utilizados no estudo incluem o preço grossista mensal do bajra de janeiro de 2003 a dezembro de 2014. Os resultados revelaram que o modelo ARIMA de Box-Jenkins (2, 1, 0) foi o que melhor se ajustou com o menor AIC (1557,22), SBC (1566,10) e MAPE (5,78). O modelo ARIMA (2, 1, 0) é construído com base na autocorrelação e na função de autocorrelação parcial. Por fim, foram efectuadas previsões com base no modelo desenvolvido. Na validação das previsões a partir destes modelos, o modelo ARIMA (2, 1, 0) teve um melhor desempenho do que os outros para a bajra no mercado de renovação. A percentagem de validação variou entre 87,33 por cento em dezembro de 2015 e 96,67 por cento em julho de 2015.

Ahmad *et al.* (2017) examinaram a área de previsão das principais culturas, a produção e os dados de rendimento do sector agrícola do Paquistão. Foram utilizados dados de séries cronológicas anuais de sessenta e sete anos, de 1947-48 a 2013-14 recolhidos para prever as principais culturas utilizando o modelo ARIMA. As conclusões do estudo indicaram tendências crescentes na área, produção e rendimento das principais culturas, com exceção da cultura da cana-de-açúcar, cuja tendência decrescente foi mencionada.

Darekar e Reddy (2017) trabalharam na previsão de preços do algodão nos principais estados produtores. Os dados mensais sobre os preços foram recolhidos de 2006 a 2016 para prever os preços para os meses de colheita do ano kharif 2017-18. O modelo ARIMA foi empregue para a previsão utilizando o software de programação R. O desempenho do modelo ajustado foi examinado através do cálculo de várias medidas de bondade de ajuste, nomeadamente AIC, SBC e MAPE. Na estação Kharif, a colheita do algodão é efectuada entre dezembro e janeiro. As previsões indicam que os preços de mercado do algodão se situariam entre 4 600 e 4 900 euros por quintal (algodão de fibra média) na época de colheita da kharif, 2017-18.

Kour *et al*, (2017) examinaram a previsão da produtividade do milheto-pérola em Gujarat no âmbito de séries cronológicas. Foram recolhidos os dados de séries temporais da produtividade do milho-miúdo de Gujarat durante 52 anos, de 1960-61 a 2011-12. É de notar que o modelo ARIMA (0, 1, 1) tem um desempenho bastante satisfatório, uma vez que o valor RMAPE é inferior a 6 por cento.

Ahmar *et al*. (2018) estudaram os resultados revelados que o valor MSE do Indicador de a-Sutte é menor do que outros métodos que são HoltWinters Multiplicativo, Holt-Winters Aditivo e ARIMA (1,2,2)(0,0,2). Assim, o caso do indicador do valor de exatidão MAPE do a-Sutte é melhor do que os outros métodos: Holt-Winters Multiplicativo, Holt-Winters Aditivo e ARIMA (1,2,2) (0,0,2).

Vijay e Mishra (2018) trabalharam na previsão de séries cronológicas utilizando modelos ARIMA e ANN para a produção da cultura de milho-miúdo (bajra) de Karnataka, na Índia. Os dados consistem na área e na produção da cultura de milho-miúdo (bajra) e a produção foi recolhida de 1955-56 a 2014-15. Os resultados mostraram que o modelo ANN supera os modelos ARIMA com base na raiz média (RMSE), MAPE e MSE. A verificação da auto-correlação dos resíduos obtidos a partir do modelo ARIMA da série cronológica da produção de milho-miúdo (bajra) indica que os resíduos não estão auto-correlacionados, uma vez que 22

A probabilidade do qui-quadrado é de 0,8795. Com base na máxima verosimilhança (log-likelihood) e nos valores mais baixos dos critérios de informação de Akaike (AIC) e de Bayesian Information Criteria (BIC), o modelo candidato ARIMA (0, 1, 1) foi considerado adequado.

CAPÍTULO III

MATERIAIS E MÉTODOS

A pesquisa de qualquer problema investigado sistematicamente, utilizando métodos e procedimentos adequados para chegar a uma conclusão fiável e imparcial. Metodologia significa a filosofia do processo de investigação que inclui os pressupostos e valores que servem de base à investigação e as normas ou critérios que o investigador utiliza para interpretar os dados e chegar a conclusões. O capítulo apresentado fornece uma visão da fonte de recolha de dados, da análise estatística e das ferramentas estatísticas utilizadas no estudo. O quadro metodológico do estudo é apresentado nas seguintes secções gerais:

3.1 Seleção da área de estudo

3.2 Seleção da cultura

3.3 Natureza e fonte dos dados

3.4 Quadro analítico

3.1 Seleção da área de estudo

Na Índia, a cultura do milho-miúdo concentra-se sobretudo no Rajastão (45,99 %), no Uttar Pradesh (19,71 %), em Gujarat (9,23 %) e em Haryana (8,47 %), que, em conjunto, contribuíram com 82,41 % da produção nacional de milho-miúdo (quota de produção dos respetivos Estados em relação ao total nacional; média do ET 2014-15 a 2016-17). Por conseguinte, estes quatro grandes Estados foram escolhidos para o estudo por contribuírem com mais de 80% da produção total no ano da ET 2014-15 a 2016-17.

3.2 Seleção da cultura

A cultura do milheto-pérola foi selecionada propositadamente para o estudo pormenorizado, uma vez que é um dos principais alimentos de base dos pequenos agricultores e dos agricultores marginais nas regiões áridas e semi-áridas da Índia. É uma das culturas cerealíferas mais importantes, logo a seguir ao trigo, ao arroz e ao milho, contribuindo com 3,86% da produção total de cereais no ano de 2016-17.

3.3 Natureza e fonte dos dados

Para atingir os objectivos do estudo, foram utilizados dados secundários de séries cronológicas. Os dados relacionados com a área, a produção, o rendimento e o custo de cultivo da cultura do milho-miúdo foram recolhidos de 1997-1998 a 2016-17 para os principais Estados produtores de milho-miúdo da Índia na Direção de Economia e Estatística, Ministério da Agricultura, Governo da Índia, Nova Deli. O período de estudo foi ainda classificado em dois períodos iguais: período I: 1997-98 a 2006-07, período II: 2007-08 a 2016-17.

3.4 Quadro analítico

A estatística descritiva, a taxa de crescimento composta, o coeficiente de variação, o índice de instabilidade de Coppock, o teste F, a análise da cadeia de Markov, a regressão em painel, o ARIMA, a suavização exponencial e o a-sutte foram utilizados para analisar e interpretar os dados. O software estatístico, *ou seja, o software R, o Eviews 9 e o Stata14* foram utilizados para a análise dos dados.

3.4.1 Taxa de crescimento composta

As taxas de crescimento composto (CGR) da área, da produção e do rendimento da cultura do milheto-pérola foram calculadas utilizando a função exponencial com a seguinte especificação:

$$Y_t = ab^t e^{ut} \tag{1}$$

Onde,

Y_t = Área/Produção/Rendimento

t = Variável temporal em anos

a = Interceção

b = Coeficiente de regressão

u = termo de perturbação para o ano "t

Para efeitos de estimativa, a equação foi expressa em forma logarítmica.

$$\text{Log } Y_t = \text{Log } a + t \log b \tag{2}$$

O valor de log b na equação (2) foi calculado utilizando a fórmula,

$$\text{Log b} = \frac{\left(\sum t \, \text{Log } Y - \left(\sum t . \sum \text{Log } Y / N\right)\right)}{\sum t^2 - \left(\frac{\sum t^2}{N}\right)} \tag{3}$$

Onde,

N = Número de anos.

Subsequentemente, a taxa de crescimento composto (percentagem) foi calculada utilizando a fórmula,

Taxa de crescimento composto (CGRpercent) $= r = [(\text{Antilog of log b}) - 1] * 100$ **(4)**

O teste "t" de Student foi utilizado para determinar a significância das taxas de crescimento obtidas, tendo sido utilizada a seguinte formulação

$$t = \text{Log b} / SE(\text{Log b}) \tag{5}$$

$$\text{Log (B)} = \sqrt{\frac{\sum (Y - \bar{Y})^2 - \text{Log b} * \left(\sum (Y * t) - \sum (Y) * \bar{t}\right)}{(N-2) \sum (t - \bar{t})^2}} \tag{6}$$

Os valores 't' calculados, a partir da equação (5), foram comparados com os valores 't' da tabela, e a significância foi testada para níveis de probabilidade de 1 e 5 por cento.

3.4.2 Índices de instabilidade

O coeficiente de variação (CV) foi calculado da seguinte forma
fórmula:

$$CV(\text{per cent}) = S.D. / \bar{X} * 100 \tag{7}$$

Onde,

C.V. = Coeficiente de variação

S.D. = Desvio padrão

Para determinar a instabilidade, utiliza-se o coeficiente de variação (CV percentual), mas como o CV não tem em conta a tendência dos dados ao medir a instabilidade dos valores da variável (Mitra,1990). Foram tentados outros métodos, tais como os desenvolvidos por Coppock (1962); Massel (1970); Cuddy & Della Valle, (1978) e Parthasarathy (1984). Para este estudo, o índice de instabilidade de Coppock foi utilizado como medida de instabilidade, porque dá uma aproximação próxima da variação percentual ano a ano no valor da variável (Kaur &Kapoor, 2018). O índice de instabilidade é construído utilizando a seguinte fórmula:

$$v \log = \frac{1}{n-1} \sum \left[\log X_{t+1} - \log X_t - \right]^2 - M]^2 \tag{8}$$

$$M = \frac{1}{n-1} \sum (\log X_{t+1} - \log X_t) \tag{9}$$

(Or)

$$v \log = \frac{\left(\log \frac{X_{t+1}}{X_t}\right)^2}{n-1} \tag{10}$$

Índice de instabilidade de Coppock

$$= \text{Antilog}(\sqrt{v \log} - 1) \times 100 \tag{11}$$

Onde,

N = Número de anos,

X_t = Variável no ano t,

M = Média aritmética da diferença entre o logaritmo de X te X_{t+1}, X_{t+1} e X_{t+2}, etc...

V log = A variância logarítmica da série

A vantagem deste método é que mede a instabilidade em relação à tendência presente na variável. Um valor mais elevado para o índice representa instabilidade.

3.4.3 Custo e rendimento

A questão principal é saber quais os custos que devem ser tidos em conta para garantir a rentabilidade. No presente estudo, o lucro foi calculado com base no custo C_2 e no custo A_2 mais o valor imputado da mão de obra familiar. O lucro foi calculado subtraindo o custo C2 e o custo A2+FL do valor bruto da produção de milho-miúdo. O objetivo era estudar a remuneração da cultura do milho-miúdo e a sua evolução ao longo do período de estudo, porque o lucro da cultura é essencial para os agricultores a longo prazo, a fim de tornar a agricultura sustentável. Com base nos conceitos de custos da Comissão de Custos e Preços Agrícolas (CACP), os vários custos foram classificados nos seguintes grupos de custos:

Custo A_1:   Soma das rubricas de custos variáveis efetivamente incorridas na produção
Custo A_2:   Custo A_1 + renda paga pelo terreno arrendado
Custo B_1:   Custo A_1 + juros sobre o capital fixo
Custo B_2:   Custo B1 + renda paga pelo terreno arrendado + valor locativo do terreno próprio
Custo C_1:   Custo B1 + valor da mão de obra familiar
Custo C_2:   Custo B2 + valor do trabalho familiar
Custo C_3:   Custo C2 + 10 por cento do custo C2 (por conta das funções de gestão desempenhadas pelos agricultores)

3.4.4 Estatísticas F

No presente estudo, foi utilizado um instrumento bastante diferente para investigar a rutura estrutural nas séries cronológicas, o teste F. Chow (1960) foi o primeiro a sugerir um teste de mudança estrutural para o caso em que o ponto de mudança (potencial) é conhecido antecipadamente. O teste pode ser formulado da seguinte forma: onde, i0 é um ponto de mudança no intervalo (k, n - k). Chow propôs ajustar duas regressões separadas para as duas subamostras definidas por i0 e rejeitar sempre que f_0 for demasiado grande, em que $e = (uA,uB')^J$ são os resíduos do modelo completo, em que os coeficientes nas subamostras são estimados separadamente, e u são os resíduos do modelo restrito, em que os parâmetros são ajustados apenas uma vez para todas as observações. O teste estatístico f_{i0} tem uma distribuição assintótica x^2 com k graus de liberdade e (sob o pressuposto de normalidade) $Fi0/k$ tem uma distribuição F exacta com k e n - 2k graus de liberdade. A principal desvantagem deste "teste de Chow" é o facto de o ponto de mudança ter de ser conhecido antecipadamente, mas existem testes baseados na estatística F (estatística de Chow) que não exigem a especificação de um determinado ponto de mudança (Zeileis *et al.*, 2002).

$$f_{i0} = \frac{\hat{u}^T\hat{u} - \hat{e}^T\hat{e}}{\frac{\hat{e}^T\hat{e}}{n} - 2k} \tag{12}$$

A forma alargada do teste de Chow é a estatística F para todos os potenciais pontos de alteração numa determinada série cronológica. Para calcular a estatística F para k < i

_ i _ Γ < n - k, o que pode ser feito facilmente utilizando a função F stats no software R. A hipótese nula de "nenhuma mudança estrutural" é rejeitada quando a estatística F máxima ou média se torna demasiado grande.

3.4.5 Regressão de dados em painel

O modelo de regressão de dados em painel foi estimado para determinar os factores determinantes que influenciam a produção de milho-miúdo, utilizando a forma funcional dada,

$$P_{ijt} = \alpha + \beta_1 (PR_{it}) + \beta_2 (CP_{it}) + \beta_3 (Y_{it}) + \beta_4 (R_{it}) + \beta_5 (ACP_{it}) + u_{ij} \dots \tag{13}$$

Onde,

$Cova$ = Produção de milho-miúdo no estado indiano "i^{th}" no momento t (000' toneladas)
PR_{it} = Rácio de lucro do milheto pérola em relação à cultura alternativa i^{th} estado no momento t

CP_{it} = rácio entre o custo de cultivo e o preço (MSP) do milho-miúdo do estado "i^{th}" em tempo t

Y_{it} = rendimento do milheto de pérola do estado 'i^{th}' no momento t (Kg/ha)

R_{it} = Precipitação anual no estado 'i^{th}' no momento t (milímetros)

ACP_{it} = Preço alternativo das culturas (MSP) do estado 'i^{th}' no momento t (Rs./q)

β_i's = e_i's são os coeficientes das variáveis explicativas

u_i = os u_i's são os termos de erro

a = Constante

Basicamente, os dados de painel são uma combinação de variáveis de secção transversal e de séries cronológicas. Os dados de painel têm em conta a heterogeneidade individual e o grau de liberdade. Uma análise de dados de painel equilibrada de 4 estados foi ajustada separadamente para a produção de milho-miúdo. Contém muitos modelos que podem ser estimados. Estes modelos são o Pool Ordinary Least Square (OLS), o modelo de efeitos fixos (FEM), o modelo de efeitos aleatórios (REM) ou o modelo de componentes de erro (ECM). Para decidir qual o modelo a escolher, é necessário ter em conta as propriedades dos dados, bem como basear-se nos resultados dos testes.

Cada entidade tem a sua caraterística individual que pode afetar as suas variáveis explicativas, designadas por efeitos individuais. Por exemplo, o fator de preferência ou a infraestrutura, apesar de não ser mencionado no modelo, não deixará de afetar os fluxos comerciais de cada país. Se os efeitos individuais não existirem, o modelo agrupado será a melhor escolha. O principal problema do modelo agrupado é o facto de não permitir a heterogeneidade dos Estados. Não estima os efeitos específicos de cada Estado e parte do princípio de que todos os Estados são homogéneos (Eagger e Pfaffermayr, 2000). No entanto, se existirem e tiverem de ser reflectidas no modelo, o MEF e o REM serão mais preferidos.

De acordo com a teoria de Gujarati (2003), o modelo de efeitos fixos (MEF) tem sido bem sucedido no tratamento de questões de heterogeneidade, como a correlação entre algumas das variáveis exógenas e o termo de erro do modelo. Entretanto, o modelo de regressão será capaz de controlar e separar o impacto dos efeitos individuais das variáveis explicativas, de modo a podermos estimar os efeitos líquidos das variáveis explicativas na variável dependente. O principal problema do MEF é que as variáveis que não mudam ao longo do tempo não podem ser estimadas diretamente neste modelo. Assim, variáveis como a distância não serão suportadas pelo MEF. Para resolver este problema, muitos estudos optam por utilizar o modelo REM.

Uma segunda melhor alternativa é utilizar um estimador de efeitos aleatórios (REM), que tem uma vantagem sobre o estimador de efeitos fixos na medida em que permite a recuperação das estimativas dos parâmetros de quaisquer variáveis explicativas invariantes no tempo que, de outra forma, seriam removidas na transformação de efeitos fixos. Devido à violação do pressuposto do modelo REM de que o número de unidades de secção transversal deve ser superior ao número de variáveis, não foi possível estimar o modelo REM. Para além destas limitações, apenas foram estimados os modelos combinados OLS e FEM.

3.4.6 Análise da cadeia de Markov

A análise da cadeia de Markov é uma aplicação da programação dinâmica à solução de um processo de decisão estocástico que pode ser descrito por um número finito de estados. Foi utilizada para analisar a mudança estrutural em qualquer sistema cujo progresso ao longo do tempo possa ser medido em termos de uma única variável de resultado. Foi utilizado para estudar as mudanças nas quotas das culturas, o que facilitou a compreensão da dinâmica das mudanças nas culturas. Qualquer sequência de ensaios (experiências) que possa

O processo que pode ser sujeito a uma análise probabilística é designado por processo estocástico (Kammar e Basvaraja, 2012). Num processo estocástico, assume-se que os movimentos (transições) dos objectos de um estado (resultado possível) para outro são regidos por um mecanismo ou sistema probabilístico. Um processo de Markov finito é um processo estocástico em que o resultado de um

determinado ensaio t (t=1, 2,   ,T)   depende apenas do resultado do ensaio anterior
(t-1) e esta dependência é a mesma em todas as fases da sequência de ensaios. De acordo com esta
definição, seja S_i = o i-ésimo estado de r resultados possíveis; i=1,2,   ,   r , W_{it} = seja a
probabilidade de o estado Si ocorrer em
ensaio t ou a proporção observada no ensaio t no estado de resultado alternativo I da população
multinomial com base numa amostra de dimensão n, *ou seja*, Pr (S_{it}), P_{ij} = representa a probabilidade
transitória que denota a probabilidade de, em qualquer momento t, o processo se encontrar no estado
Si, passar no ensaio seguinte para o estado S_j, *ou seja* $Pr(S_{j\ t+1/sjt})$ = P_{ij} P = (P_{ij}) = Representa a matriz de
probabilidade transitória que denota a probabilidade transitória para cada par de estados (i, j=1,2r),
    e tem as seguintes propriedades :

$$0 < P_{ij} < 1 \dots\dots\dots\dots\dots\dots\dots\dots \quad (14)$$

$$SP_{ij}=1, for\ I=1,2,\dots\dots.r,\dots\dots\dots \quad (15)$$

Dado este conjunto de notações e definições para uma cadeia de Markov de primeira ordem, a
probabilidade de uma determinada sequência S_i no ensaio t e Sj no ensaio t+1 pode ser representada
por

$$Pr(S_{it}, S_j.t+1) = Pr(S_{it})\ Pr(S_j.t+1\ 1S_{it}) = W_{it}\ P_{ij}. \dots \quad (16)$$

e a probabilidade de estar no estado j no ensaio t+1 pode ser representada por,

$$Pr(S_j.t+1) = \sum_j W_{it} = P_j\ or\ W_j,\ t+1 = S \sum_j it\ P_{ij} \dots \quad (17)$$

Os dados para o estudo são a proporção da área cultivada com diferentes culturas. As proporções
variam de ano para ano em resultado de diferentes factores. É razoável supor que a influência
combinada destas forças individualmente sistemáticas se aproxima de um processo estocástico e que a
propensão dos agricultores para mudar de uma cultura para outra difere consoante a cultura praticada.
Se estas hipóteses forem aceitáveis, então o processo de dinâmica do padrão de cultivo pode ser
descrito sob a forma de uma matriz P de probabilidades de transição de primeira ordem. O elemento P_{ij}
da matriz indica a probabilidade de um agricultor da categoria de cultura i, num período, passar para a
categoria de cultura j no período seguinte. O elemento diagonal P_{ij} mede a probabilidade de a quota-
parte da categoria de cultura i ser mantida.

3.4.6.1 Estimativa da matriz de probabilidade de transição:

A equação (17) pode ser utilizada como base para especificar o modelo estatístico para estimar as
probabilidades de transição. Se forem incorporados erros na equação (17) para explicar a diferença
entre a ocorrência efectiva e estimada de $w_j(t+1)$, pode assumir-se que as observações da amostra são
geradas pelo seguinte modelo estatístico linear:

$$W_{jt} = \sum_j W_{it}\ W_i\ t{-}1 P_{ij} + U_{jt} \dots\dots\dots\dots \quad (18)$$

Ou, em forma de matriz, pode ser escrito como

$$Y_j = X_j P_j + U_j \dots\dots\dots\dots\dots\dots \quad (19)$$

em que Y_j é um vetor (T*1) de observações que reflectem a proporção no padrão de cultura no tempo t,
X_j é uma matriz (T*r) de valores realizados da proporção no padrão de cultura I no tempo
t-1, P_j é um vetor (r*1) de parâmetros de transição desconhecidos a estimar e U_j é um vetor de
perturbações aleatórias.

3.4.7 Média Móvel Integrada Auto-Regressiva (ARIMA)

O modelo ARIMA, também conhecido como modelo Box-Jenkins, é utilizado para descobrir padrões
e prever valores futuros em resposta a uma série cronológica como uma combinação linear dos seus
próprios valores passados. Foi introduzido pela primeira vez por Box e Jenkins (1970) e mede a
relação existente entre as observações da série. O acrónimo ARIMA significa "AutoRegressive
Integrated Moving Average" (média móvel integrada auto-regressiva). Os desfasamentos das séries

diferenciadas que aparecem na equação de previsão são designados por termos "auto-regressivos (AR)", os desfasamentos dos erros de previsão são designados por termos "média móvel (MA)" e diz-se que uma série cronológica, que precisa de ser diferenciada para tornar os dados estacionários, é uma versão "integrada" de uma série estacionária. O modelo é representado por ARMIA (p,d,q) em que "p" é auto-regressivo de ordem p, "d" é diferenciado para tornar a série estacionária de ordem d e "q" é uma média móvel de ordem q. Um modelo ARIMA é também designado por família mista de modelos. Os modelos puros são os modelos que contêm apenas componentes AR ou MA, mas não ambos. O termo integração (I) é o processo inverso de diferenciação, para produzir a previsão. O modelo ARIMA é expresso da seguinte forma (Vijay e Mishra, 2018):

$$y_t = \theta_1 y_{t-1} + \theta_2 y_{t-2} + \ldots + \theta_p y_{t-p} + \varepsilon_t - \theta_1 \varepsilon_{t-1} - \theta_2 \varepsilon_{t-2} - q\varepsilon_{tq} \quad \text{(20)}$$

y_t é a série temporal, θ_i e θ_j são os parâmetros do modelo, ε_t é o erro padrão, p é o número de termos autoregressivos, q é o número de médias móveis (Box e Jenkins, 1970).

O modelo é constituído por três fases: identificação, estimativa e verificação do diagnóstico (Rahul *et al.*, 2014).

(i) Fase de identificação: A estacionariedade das séries cronológicas é efectuada em que as séries cronológicas não estacionárias foram tornadas estacionárias por diferenciação e foi desenvolvido o modelo ARIMA mais adequado. Para verificar a existência de estacionariedade, foi empregue o teste estatístico popularmente conhecido como teste Augmented Dickey Fuller (ADF). O modelo pode ser identificado encontrando os valores iniciais de "p" e "q" obtidos através da procura de picos significativos nas funções de autocorrelação e de autocorrelação parcial. Na fase de identificação, foram selecionados provisoriamente um ou mais modelos que parecem fornecer representações estatisticamente adequadas dos dados disponíveis. Em seguida, foram obtidas estimativas exactas dos parâmetros do modelo por mínimos quadrados.

(ii) Fase de estimação: Os modelos ARIMA são ajustados e a exatidão do modelo foi testada com base em estatísticas de diagnóstico.

(III) Verificação do diagnóstico: O melhor modelo foi selecionado com base nos seguintes diagnósticos.

(1) Critério de informação de Akaike (AIC) baixo: É estimado por AIC = $(-2\log L + 2m)$, onde m= p + q e L é a função de verosimilhança.

Por vezes, é também utilizado o SBC [21], estimado por $SBC = \log \sigma^2 + (m \log n)/n$.

(2) Insignificância das autocorrelações para os resíduos: Se um modelo é uma representação adequada de uma série temporal, deve captar toda a correlação na série e os resíduos de ruído branco devem ser independentes uns dos outros.

(3) Significância dos parâmetros: Os testes de significância das estimativas dos parâmetros indicam se alguns termos do modelo podem ser desnecessários.

(4) O erro percentual absoluto médio (MAPE): Foi utilizado como medida de precisão dos modelos definidos abaixo:

$$MAPE = 100 * \left(\frac{\sum_{i=1}^{n} (|Y_f - Y|/Y)}{n} \right) \quad \text{(21)}$$

em que Y_f é a variável prevista, Y é a variável efectiva e n é o número de variáveis

(IV) Fase de previsão. Os valores futuros da série cronológica são previstos.

3.4.8 Suavização exponencial simples:

Esta técnica baseia-se numa série de médias de dados de forma decrescente (exponencial). A equação de suavização exponencial simples é expressa como,

$$L_t = \alpha y_t + (1-\alpha) L_{t+1} \quad \text{(22)}$$

onde, L_t o valor suavizado para o ano t torna-se o valor previsto para o ano t+1. y_t é a série cronológica dada.

3.4.9 Suavização exponencial dupla

É utilizada uma técnica de alisamento duplo quando uma série tem uma componente de tendência. A técnica de regularização Holt utiliza um valor de parâmetro diferente para estimar a componente de tendência. Com esta técnica, assume-se que cada observação de uma série é constituída por duas componentes, a componente de nível ou de alisamento e a componente de tendência. Isto controla qualquer componente de tendência ou não-estacionária que possa existir na série de dados (Chaudhary e Jones, 2014).

A equação de alisamento exponencial duplo é expressa como,

$$L_t = \alpha y_t + (1-\alpha)(L_{t-1} + T_{t-1}) \tag{23}$$

$$T_t = \gamma\,(L_t - L_{t-1}) + (1-\gamma)T_{t-1} \tag{24}$$

Os pesos a e γ são designados por constante de alisamento, que varia entre 0 e 1. O seu valor determina em que medida a observação mais atual influencia a previsão.

3.4.10 Indicador a-Sutte

a-O indicador Sutte foi desenvolvido em 2015 por Ahmar (2018). O indicador Sutte foi inicialmente desenvolvido para prever o movimento das existências. Com o tempo e as necessidades, o indicador Sutte foi desenvolvido para se tornar um indicador a-Sutte. Espera-se que o desenvolvimento proporcione um melhor nível de precisão e não se limite apenas à previsão do movimento das existências, mas também à previsão das séries cronológicas de dados. O desenvolvimento deste indicador a-Sutte considera a tendência de determinados dados. Além disso, a fórmula do Indicador a-Sutte é a seguinte.

$$a_t = \frac{\left(\dfrac{\Delta x}{\frac{\alpha+\delta}{2}}\right) + \left(\dfrac{\Delta y}{\frac{\beta+\alpha}{2}}\right) + \left(\dfrac{\Delta z}{\frac{\gamma+\beta}{2}}\right)}{3} \tag{25}$$

Onde,

$\delta = a_{t-4}$

$\alpha = a_{t-3}$

$\beta = a_{t-2}$

$\gamma = a_{t-1}$

$\Delta x = \alpha - \delta = a_{t-3} - a_{t-4}$

$\Delta y = \beta - \alpha = a_{t-2} - a_{t-3}$

$\Delta z = \gamma - \beta = a_{t-1} - a_{t-2}$

a_t = série de observações no tempo t

a_{t-k} = série de observações no tempo $(t - k)$

CAPÍTULO IV

RESULTADOS E DISCUSSÃO

Em consonância com os objectivos do estudo, os dados recolhidos foram analisados e discutidos neste capítulo. Os resultados são apresentados nas rubricas seguintes.

4.1 Dimensões do crescimento e instabilidade na área, produção e Rendimento

4.2 Dinâmica de crescimento do custo e do rendimento

4.3 Mudança estrutural na produção

4.4 Previsão de produção

4.1 Dimensões do crescimento e instabilidade na área, produção e rendimento

A dinâmica de crescimento da cultura do milho-miúdo em termos de superfície, produção e rendimento é apresentada nos quadros 4.1 a 4.6.

Os resultados do crescimento e da instabilidade são apresentados no Quadro 4.1. Na Índia, a área diminuiu significativamente com um crescimento de 3,26% no período II e de 1,40% no período total. Este facto deveu-se apenas ao declínio do crescimento significativo em Gujarat, Haryana, Rajasthan e outros Estados, cerca de 8,06, 5,83, 3,33 e 3,93 por cento, respetivamente, no período II. O Uttar Pradesh foi o único estado líder que apresentou um crescimento positivo na área de milho-miúdo, cerca de 1,30 e 0,55 por cento durante o período-II e o período global, respetivamente. A produção de milho-miúdo na Índia aumentou 19,25%, passando de 9,10 para 7,63 milhões de toneladas entre o período I e o período II, com um crescimento positivo significativo de 1,83%, em resultado de um crescimento positivo significativo do seu rendimento (3,28%) durante o período global. Isto só foi possível com uma produção mais elevada nos estados de Haryana, Uttar Pradesh e Rajasthan, que produziram, respetivamente, 1,97, 4,56 e 1,15 toneladas de milho-miúdo adicional no período II em relação ao período I. Por outro lado, a produção em Gujarat e noutros Estados diminuiu no período II em comparação com o período I. Uttar

Quadro 4.1 Crescimento e instabilidade da área, da produção e do rendimento do milho-miúdo nos principais estados e a nível da Índia, 1997-98 a 2016-17

Estado	Particularidades	Área			Produção			Rendimento		
		Média ('000 ha)	CGR (Percentagem)	CH (Percentagem)	Média ('000 1)	CGR (Percentagem)	CH (Percentagem)	Média (kg/ ha)	CGR (Percentagem)	Cll (Percentagem)
	Período I	977.9	-1.22	8.44	1139.44	-1.10	38.25	2976.09	-0.70	19.68
	Período-ll	661.4	-8.06**	24.73	1016.13	-2.78	25.79	1601.27	5.74**	10.51
GJ	Em geral	819.7	-4.32**	17.99	1077.79	-1.28	32.41	2288.68	-4.05**	23.64
	Período I	589.2	0.12	9.44	747	2.53	49.15	1260.61	2.41	39.44
	Período-ll	510.9	-5.83**	16.62	943.6	-4.92**	24.10	1853.26	0.97	10.92
RH	Em geral	550.05	-1.95**	13.22	845.3	1.49	37.29	1556.94	3.51**	27.22
	Período I	854.5	0.02	5.51	1159.82	1.11	16.08	1357.25	1.09	15.83
	Período-ll	901.3	1.30**	5.82	1616.24	3.99**	5.25	1788.98	2.66**	5.05
UP	Em geral	877.9	0.55**	5.52	1388.03	3.15**	11.57	1573.10	2.57**	11.35

	Período I	4607.53	1.52	32.18	2783.55	7.92	174.65	571.22	6.30	109.35
	Período-ll	4662.44	-3.33**	9.84	3934.39	0.95	47.61	855.64	4.43	46.34
RJ	**Em geral**	4634.98	-0.11	22.54	3358.97	4.80**	111.05	713.43	4.91**	77.35
	Período I	2382.24	-2.27**	11.50	1799.45	-0.99	19.44	755.82	1.30	14.07
	Período-ll	1526.99	-2.79**	14.59	1587.87	0.14	32.43	1044.79	3.02	24.39
Outros	**Em geral**	1954.61	-3.93***	12.80	1693.66	-1.09	26.01	900.30	2.95***	19.74
	Período I	9411.41	0.04	15.20	7629.26	2.66	50.44	802.59	2.62	31.93
	Período-ll	8263.02	-3.26**	8.59	9098.23	0.19	23.76	1111.08	3.57	19.91
IND	**Em geral**	8837.22	-1.40**	12.00	8363.75	1.83**	37.61	956.84	3.28**	25.89

*Nota: *** e ** indicam significância ao nível de 1 e 5 por cento de significância, respetivamente. Valores entre parênteses que indicam o coeficiente de variação Período-1: 1997-98 a 2006-07, período-11: 2007-08 a 2016-17, período global: 1997-98 a 2016-17.*

Pradesh e Rajasthan atingiram um novo patamar com um crescimento significativo de 3,15 e 4,80 por cento na produção de milho-miúdo durante o período global. Enquanto Gujarat e outros Estados não conseguiram aumentar a produção durante o período de estudo. Em Haryana, a produção diminuiu significativamente (4,92%) no período II, enquanto no período global se observou um crescimento positivo não significativo (1,49%). No caso do rendimento, todos os principais estados com outros estados e a Índia, exceto Gujarat, registaram um aumento significativo em Haryana, Uttar Pradesh, Rajasthan, outros estados e Índia, de cerca de 3,51, 2,57, 4,91, 2,95 e 3,28 por cento, respetivamente, durante o período global. O rendimento no estado de Gujarat diminuiu significativamente com o crescimento de 4,05 por cento no período global. A produção de milho-miúdo na Índia foi considerada três vezes mais instável do que a área. Além disso, a instabilidade de Coppock na área e na produção de milho-miúdo diminuiu de 15,20 para 8,59 na área e de 50,44 para 23,76 na produção entre o período I e o período II, respetivamente, o que revela uma variação reduzida. Todos os principais Estados da Índia se mantiveram mais estáveis no período II do que no período I em termos de área, produção e rendimento. A superfície de milho-miúdo foi considerada mais consistente no Uttar Pradesh, com um índice de instabilidade de cerca de 5,51, 5,82 e 5,52 durante o período I, o período II e o período global. Em Gujarat, Haryana, Rajasthan e outros estados, a variação da área aumentou no período global em cerca de 17,99, 13,22 e 12,80, respetivamente. Os resultados estão de acordo com Handral & Sethy (2017), que encontraram um crescimento positivo significativo na produção e na produtividade, enquanto o crescimento negativo significativo na expansão da área e a instabilidade do rendimento diminuíram em todos os estados da Índia durante a década de 1990 a 2013. O crescimento da produtividade do milho-miúdo devido ao aumento dos níveis de rendimento é substanciado pela contribuição dos híbridos do ICRISAT, juntamente com as parcerias do sector privado que utilizam linhas derivadas do ICRISAT, como o JKBH 26, o híbrido 9444 (Mula *et al.,* 2007) e também outros híbridos públicos desenvolvidos por universidades agrícolas, como o HHB 67 da Universidade Agrícola de Haryana em 1996, adotado por agricultores do Rajastão e de Haryana, cobrindo mais de 400 000 hectares (Hash *et al.*, 2007).

Quadro 4.2: Crescimento da percentagem da área e da produção de milho-miúdo em relação ao total de cereais e ao total de grãos alimentares nos principais estados e a nível de toda a Índia,

Estado	Particularidades	Área						Produção					
		Período I		Período-II		Em geral		Período I		Período-II		Em geral	
		Avg.	Gr.	Avg.	Gr.	Avg.	Gr.	Avg.	Gr.	Avg.	Gr.	Avg.	Gr.
GJ	Partilhar em Ind.	10.43	-1.27	7.88	-4.96***	9.16	-2.97***	15.23	-3.66**	11.19	-2.97	13.21	-3.07***
	Partilhar no TC	33.43	-2.78***	20.28	-5.71***	26.85	-4.79***	25.55	-4.64***	14.92	-2.74**	20.24	-4.76***
	Participação na TFG	26.43	-2.60***	16.31	-5.87***	21.37	-4.67***	23.18	-4.46***	13.60	-2.77**	18.39	-4.70***
RH	Partilhar em Ind.	6.28	0.08	6.12	-2.66**	6.20	-0.55	9.85	-0.13	10.42	-5.10**	10.14	-0.34
	Partilhar no TC	14.55	-0.34	11.62	-5.86***	13.09	-2.60**	5.83	0.72	5.84	-5.70***	5.83	-0.60**
	Participação na TFG	13.80	0.21	11.25	-5.65***	12.52	-2.35**	5.75	0.92	5.80	-5.65***	5.77	-0.52
UP	Partilhar em Ind.	9.12	-0.02	11.08	4.71***	10.10	1.99**	16.02	-1.51	18.01	3.79**	17.02	1.28
	Partilhar no TC	4.92	0.77	5.16	0.87	5.04	0.56***	2.96	1.75	3.66	3.53**	3.31	2.25***
	Participação na TFG	4.25	0.67	4.56	0.94	4.40	0.72***	2.80	1.76	3.51	3.60**	3.16	2.38***
RJ	Partilhar em Ind.	48.72	1.48	56.40	-0.08	52.56	1.31***	33.96	5.12	42.91	0.75	38.43	2.90**
	Partilhar no TC	51.56	1.34	48.82	-2.37***	50.19	-0.55	23.67	6.19	25.18	-1.20	24.43	1.55
	Participação na TFG	37.76	1.87	34.39	-3.11***	36.08	-0.87**	20.98	7.17	22.14	-1.67	21.56	1.55
IND	Partilhar no TC	9.44	0.38	8.29	-3.18***	8.64	-1.34**	4.00	2.00	3.93	-1.50	3.97	0.03
	Participação na TFG	7.72	0.26	6.65	-3.52***	7.18	-1.55**	3.74	2.02	3.66	-1.63	3.70	-0.02

*Nota: *** e ** indicam que são significativos ao nível de 1 e 5 por cento de significância, respetivamente. TC e TFG representam Total de Cereais e Total de Grãos Alimentares*

4.1.1 Aumento da percentagem da superfície e da produção de milho-miúdo

O crescimento da área e da quota de produção de milho-miúdo nos principais Estados e a nível nacional foi analisado para indicar a alteração da sua quota no total de cereais e no total de cereais alimentares (Quadro 4.2). A parte da superfície de milho-miúdo na superfície total de cereais da Índia diminuiu significativamente a uma taxa de 1,34% e no total de cereais alimentares de 1,55% por ano, devido à diminuição da parte dos principais Estados, com exceção do Uttar Pradesh. A quota de produção da Índia no total dos cereais e no total dos géneros alimentícios também diminuiu, mas não foi significativa. A parte da superfície e da produção de milho-miúdo na Índia, no total dos cereais e no total dos cereais alimentares diminuiu em Gujarat e Haryana, o que é muito preocupante. Além disso, a parte da área e da produção de Gujarat na Índia, no total dos cereais e no total dos géneros alimentícios diminuiu significativamente, com um crescimento de 2,97, 4,79 e 4,67 por cento em termos de área e de 3,07, 4,76 e 4,70 por cento em termos de produção durante o período global. Em Haryana, a área e a quota de produção na Índia, o total de cereais e o total de grãos alimentares diminuíram significativamente no período II, com um crescimento de 2,66, 5,86 e 5,65 por cento em termos de área e 5,10, 5,70 e 5,65 por cento em termos de produção, respetivamente. Durante todo o período, a parte da área em termos do total de cereais e do total de grãos alimentares diminuiu significativamente com um crescimento de 2,60 e 2,65 por cento, respetivamente, enquanto a parte da produção diminuiu significativamente em termos do total de cereais com uma taxa de 0,60 por cento por ano. Os agricultores diversificaram a sua produção para culturas rentáveis, como o arroz e o trigo, graças à irrigação ou à precipitação em Estados como Gujarat e Haryana. O Uttar Pradesh é o único Estado que registou um crescimento positivo significativo da superfície em termos da Índia (1,99%), do total de cereais (0,56%) e do total de cereais alimentares (0,72%), enquanto a produção registou um crescimento positivo significativo em termos do total de cereais (2,25%) e do total de cereais alimentares (2,38%) durante todo o período. No Rajastão, a superfície de milho-miúdo e a parte da produção na Índia registaram um crescimento significativo positivo de 1,31 e 2,90 por cento, respetivamente, durante todo o período. Enquanto a parte da área em termos do total de cereais alimentares registou um crescimento negativo significativo de 0,87% por ano

Quadro 4.3: Alteração da superfície e da quota de produção dos principais cereais em relação ao total de cereais na Índia

Anos	Total Cereais		Trigo		Paddy		Milho		Bajra		Sorgo		Outros	
	A (Mha)	P (Mt)	A (%)	P(%)	A (%)	P (%)	A (%)	P (%)	A (%)	P (%)	A (%)	P (%)	A (%)	P (%)
1997-98	101.20	179.29	26.38	37.01	42.93	46.04	6.25	6.03	9.77	4.26	0.11	4.20	4.00	2.46
1998-99	101.67	188.70	27.07	37.78	44.07	45.62	6.10	5.91	9.14	3.69	0.10	4.46	3.98	2.55
1999-00	101.99	196.38	26.95	38.89	44.28	45.67	6.30	5.86	8.72	2.94	0.10	4.42	3.70	2.22
2000-01	100.70	185.74	25.55	37.52	44.40	45.75	6.57	6.48	9.76	3.64	0.10	4.05	3.93	2.56
2001-02	100.77	199.48	26.14	36.48	44.56	46.79	6.53	6.60	9.46	4.15	0.10	3.79	3.59	2.19
2002-03	93.36	163.65	26.99	40.18	44.10	43.89	7.11	6.81	8.29	2.88	0.10	4.29	3.55	1.94
2003-04	99.99	198.28	26.60	36.39	42.60	44.65	7.34	7.56	10.61	6.11	0.09	3.37	3.52	1.93
2004-05	97.32	185.23	27.11	37.05	43.06	44.88	7.64	7.65	9.49	4.28	0.09	3.91	3.36	2.22
2005-06	99.21	195.22	26.69	35.53	44.01	47.02	7.65	7.54	9.66	3.94	0.09	3.91	3.25	2.07
2006-07	100.52	203.08	27.85	37.33	43.59	45.97	7.85	7.43	9.46	4.15	0.08	3.52	2.82	1.60
2007-08	100.43	216.01	27.92	36.37	43.72	44.76	8.08	8.78	9.53	4.62	0.08	3.67	3.02	1.80
2008-09	100.74	219.90	27.55	36.69	45.20	45.10	8.11	8.97	8.69	4.04	0.07	3.29	2.97	1.90
2009-10	98.05	203.45	29.02	39.72	42.75	43.79	8.43	8.22	9.08	3.20	0.08	3.29	2.78	1.78
2010-11	100.27	226.25	28.99	38.40	42.75	42.42	8.53	9.60	9.59	4.58	0.07	3.10	2.78	1.90
2011-12	100.29	242.23	29.78	39.17	43.88	43.47	8.76	8.98	8.75	4.24	0.06	2.48	2.61	1.65
2012-13	97.52	238.78	30.77	39.16	43.84	44.07	8.89	9.32	7.48	3.66	0.06	2.21	2.65	1.58
2013-14	99.83	245.79	30.53	39.00	44.21	43.39	9.08	9.87	7.82	3.76	0.06	2.25	2.55	1.73
2014-15	100.75	234.87	31.23	36.84	43.78	44.91	9.12	10.29	7.26	3.91	0.06	2.32	2.49	1.73
2015-16	98.31	235.22	30.94	39.23	44.25	44.39	8.96	9.59	7.25	3.43	0.06	1.80	2.42	1.55
2016-17	99.79	251.98	30.85	39.09	44.09	43.53	9.65	10.28	7.47	3.86	0.06	1.81	2.30	1.42

e a quota-parte no total dos cereais permaneceu não significativa. Os resultados estão em conformidade com as conclusões de Handral & Sethy (2017), que observaram que, devido à diversificação das culturas para culturas de cereais finos, como o trigo e o arroz, a parte dos cereais grosseiros na área total de cereais e na produção diminuiu.

Os resultados da superfície e da quota de produção dos principais cereais em relação ao total de cereais são apresentados no quadro 4.3. Os resultados revelaram que a área do total de cereais diminuiu de 101,20 para 99,79 Mha entre 1997-98 e 2016-17. Embora a área tenha diminuído, a produção aumentou de 179,29 para 251,98 milhões de toneladas nos respectivos anos. Tal deveu-se principalmente à diminuição da área de milho-miúdo, sorgo e outras culturas e ao aumento da quota de produção do trigo e do milho no total dos cereais. A quota de produção dos principais cereais variou entre 42,02 e 1,42 por cento, enquanto a quota de área variou entre 45,20 e 0,06 por cento durante o período de estudo. A cultura do arroz mostrou que a percentagem da área em relação ao total de cereais aumentou de 42,93% para 44,09%, enquanto a percentagem da produção diminuiu de 46,04% para 44,39% entre 1997-98 e 2016-17. Entre os principais cereais, a área cultivada de trigo e milho e a quota de produção aumentaram de 26,38 e 6,03 por cento em termos de área e 37,01 e 6,25 por cento em termos de produção durante 1997-98 para 30,85 e 9,65 por cento em termos de área e 39,09 e 10,28 por cento em termos de produção durante 2016-17, respetivamente. A cultura do milho-miúdo e do sorgo registou uma tendência decrescente, tanto em termos de área como de produção, em relação ao total de cereais, passando de 9,77 e 0,11% em termos de área e 4,26 e 4,20% em termos de produção em 199798 para 7,47 e 0,06% em termos de área e 3,86 e 1,81% em termos de produção no ano de 2016-17, respetivamente. A área de outras culturas e a quota de produção também diminuíram de 4,00 e 2,46 por cento para 2,30 e 1,42 por cento da produção durante o período de estudo, respetivamente. Poderá haver muitas razões para esta transformação no sector dos cereais indiano, mas a principal é a rentabilidade para os agricultores.

4.1.2 Matriz de crescimento e instabilidade

A matriz que apresenta a relação entre crescimento e instabilidade pode ser utilizada para classificar os Estados de mais desejáveis a não desejáveis.

As matrizes por período são apresentadas nas Tabelas 4.4 a 4.6. Vale a pena notar que nenhum dos estados se enquadra em alto crescimento - alta instabilidade (indicador desejável) e alto crescimento - baixa instabilidade (indicador mais desejável). A maioria dos Estados foi colocada na zona menos desejável e não desejável. Todos os Estados em todos os períodos, exceto o Rajastão no período I, foram colocados na categoria do indicador menos desejável em termos de área devido ao baixo crescimento (menos de 10%) e à elevada instabilidade (menos de 30%). O Uttar Pradesh e outros Estados foram considerados menos desejáveis, enquanto Gujarat, Haryana, Rajasthan e a Índia foram colocados numa zona não desejável em termos de produção durante o período I e o período global. O Rajastão e outros Estados situam-se na zona não desejável, enquanto Gujarat, Haryana, Uttar Pradesh e Índia se situam na zona menos desejável em termos de produção no período II. Em termos de

Quadro 4.4: Matriz de crescimento-instabilidade para a área, a produção e <u>o rendimento do milho-miúdo (Período I: 1997-98 a 2006-07)</u>

Particularidades	Instabilidade (CII)					
	Elevado (HI) >30 por cento			Baixo(LI) <30 por cento		
	Área | Produção		Rendimento	Área	Produção	Rendimento
Elevado (HG)>10por cento	-			-		
Baixo (LG)<10por cento	Rajastão	Gujarat Haryana Rajasthan Índia	Haryana Rajasthan Índia	Gujarat Haryana U.P. Outros** Índia	U.P. outros	Gujarat Haryana U.P. Outros

*Nota: ** indica significativo a um nível de significância de 5 por cento, respetivamente.*

Tabela 4.5: Matriz de crescimento-instabilidade para a área, produção e <u>rendimento </u>do milheto pérola <u>(Período-II: 2007-08 a 2016-17)</u>

Particularidades	Instabilidade (CII)					
	Elevada (HI) >30 por cento			Baixo(LI) <30 por cento		
	Área	Produção	Rendimento	Área	Produção	Rendimento
Elevada (HG) >10 por cento	-			-		

Baixo (LG) <10 por cento	-	Rajasthan outros	Rajastão	Gujarat** Haryana** U.P.** Rajasthan** Outros** Índia**	Gujarat Haryana** U.P.** Índia	Gujarat** Haryana U.P.** outros Índia

*Nota: ** indica significativo a um nível de significância de 5 por cento, respetivamente.*

O Rajastão foi considerado não desejável no Período-II e no período global, enquanto todos os outros Estados se situaram na zona menos desejável. No Período I, Haryana, Rajasthan e Índia caíram na zona não desejável, enquanto Gujarat, Haryana, Uttar Pradesh e outras culturas foram colocadas na zona menos desejável zona em termos de rendimento. É desejável aumentar o crescimento da produtividade nestes Estados, uma vez que contribuem em grande medida para a segurança alimentar nacional.

Tabela 4.6: Matriz de crescimento-instabilidade para a área, produção e rendimento do milheto pérola (Global: 1997-98 a 2016-17)

Particularidades	Instabilidade (CII)					
	Elevada (HI) >30 por cento			Baixo(LI) <30 por cento		
	Área	Produção	Rendimento	Área	Produção	Rendimento
Elevado (HG) >10 por cento	-			-		
Baixo (LG) <10 por cento	-	Gujarat Haryana Rajasthan** Índia**	Rajastão**	Gujarat** Haryana** U.P.** Rajasthan Outros*** Índia**	U.P.** outros	Gujarat** Haryana** U.P.** Outros*** Índia**

*Nota: *** e ** indicam significância ao nível de 1 e 5 por cento de significância, respetivamente.*

4.2 Dinâmica de crescimento do custo e do rendimento da cultura do milho-miúdo

Os resultados do crescimento do custo e do rendimento da cultura do milheto-pérola nos principais Estados são apresentados nos quadros 4.7 a 4.15. Os Quadros 4.7 a 4.9 representam os resultados do crescimento do custo total e do custo dos factores de produção da cultura do milho-miúdo, em função do período. A leitura do quadro 7 indica que o custo e o rendimento da cultura do milheto-pérola variam de Estado para Estado. Durante o período I, o custo c_2 em Gujarat foi o mais elevado (11943,48 ?/ha), seguido de Uttar Pradesh (10092,01 ?/ha), Haryana (9947,17 ?/ha) e o mais baixo em Rajasthan (6453,47 ?/ha). Da mesma forma, o custo A_{2+FL} também foi encontrado mais alto em Gujarat entre todos os estados estudados. O custo c_2 aumentou com o maior crescimento (6,45%) em Rajasthan, enquanto o custo A_{2+FL} em Uttar Pradesh teve o maior crescimento de 5,44% por ano. A razão subjacente ao custo mais elevado em Gujarat foi a maior utilização de factores de produção em comparação com outros Estados. O rendimento bruto da produção de milho-miúdo foi mais elevado em Gujarat (13035,14 ?/ha), seguido de Uttar Pradesh (9497,86 ?/ha), Haryana (7831,32 ?/ha) e mais baixo em Rajasthan (6950,24 ?/ha). A taxa de crescimento do rendimento bruto foi mais elevada no Rajastão, cerca de 7,94%, enquanto a taxa mais baixa foi registada em Haryana (3,77%). Durante o período I, o custo dos factores de produção, como a mão de obra humana, foi o mais elevado, enquanto o custo da mão de obra mecânica foi o segundo mais elevado no cultivo do milho-miúdo em todos os principais Estados. O custo da mão de obra mecânica e das sementes registou um aumento significativo em todos os principais Estados. O custo da mão de obra animal registou uma taxa de crescimento positiva, mas não significativa, em todos os Estados. Os fertilizantes e o estrume aumentaram significativamente em todos os principais Estados, exceto em Haryana, enquanto o custo da irrigação aumentou significativamente apenas em U.P., cerca de 109,10% por ano. O coeficiente de variação foi registado em mais de 10% em todos os principais Estados, o que indica uma maior variação no custo total, no custo dos factores de produção e no rendimento bruto da cultura do milho-miúdo durante o Período I.

Os resultados semelhantes para o período II são apresentados no quadro 4.8. O custo c2 foi registado como o mais elevado em Gujarat (32982,45 ?/ha), seguido de Haryana (2753,85 ?/ha), Uttar Pradesh (25897,66 ?/ha) e o mais baixo em Rajasthan (17910,82 ?/ha). O aumento mais elevado foi de 177,54% em relação ao período I, com uma taxa de crescimento significativa de 14,90% no Rajastão. Ao passo que a variação percentual mais baixa (156,62%) no custo c2 foi observada em Uttar Pradesh, com um crescimento significativo positivo de 11,00% ao ano. Do mesmo modo, o custo A2+FL também foi considerado mais elevado em Gujarat entre todos os principais Estados estudados. No Rajastão, o custo A2+FL foi o mais baixo, mas aumentou 187,09% durante o período I, em comparação com outros Estados, com um crescimento significativo de 15,62% por ano. O rendimento bruto da produção de milho-miúdo foi mais elevado em Gujarat, seguido de Uttar Pradesh, Haryana e, por último, Rajasthan. No período I, o aumento foi de 216,22% em Gujarat, seguido de 204,31%, 174,42% e 142,22% em Haryana, Uttar Pradesh e Rajasthan, respetivamente. O crescimento composto mais elevado do rendimento bruto foi de 13,63% observado no Rajastão, enquanto o mais baixo foi registado em Haryana, com cerca de 8,99%. O custo da mão de obra humana e mecânica foi o mais elevado e aumentou significativamente em todos os principais Estados produtores de milho-miúdo. O custo da mão de obra humana foi mais baixo no Rajastão, mas registou o maior aumento, de 248,20%, em

Quadro 4.7: Crescimento, estatísticas descritivas e variação dos custos, rendimentos e custos dos factores de produção do milho-miúdo na Índia entre 1997-98 e 2006-07 (₹ por ha)

Particularidades	COC A2+FL	CUSTO C2	Rendimento bruto	Semente	F & M	Trabalho humano	Trabalho animal	Mão de obra mecânica	Irrigação
Gujarat									
Média	9263.71	11943.48	13035.14	415.52	1353.16	4074.22	776.13	1540.57	745.02
CV%	15.36	13.55	16.06	31.45	15.81	12.39	28.10	26.93	28.72
A.C.	2736.80	3240.02	3158.27	249.99	307.74	816.04	196.45	824.63	156.04
R.C. %	34.57	31.61	26.05	80.28	25.91	22.48	33.22	71.25	20.75
CGR%	5.23***	4.52***	3.85**	10.77***	4.90***	3.42**	3.35	9.60***	3.39
Haryana									
Média	6885.98	9947.17	7831.32	275.98	387.93	3838.32	390.11	1282.45	377.69
CV%	19.21	18.25	20.62	32.46	21.87	16.50	35.02	29.82	81.55
A.C.	2263.18	3115.54	2069.55	177.42	61.97	533.55	65.19	878.89	321.92
R.C. %	40.95	37.90	29.30	93.41	17.02	15.55	18.58	106.79	182.92
CGR%	4.40**	4.15**	3.77**	8.90***	1.93	1.24	2.37	10.71***	16.07
Rajasthão que									
Média	4493.23	6453.47	6950.24	167.88	240.38	2758.49	75.92	854.84	148.15
CV%	15.68	20.89	28.51	34.35	68.54	9.10	27.54	27.38	110.25
A.C.	1212.18	2197.61	3008.12	104.84	231.44	241.20	8.87	472.86	22.12
R.C. %	31.18	41.57	57.86	90.39	154.05	9.29	13.12	71.46	21.42
CGR%	5.19**	6.45***	7.94**	13.41**	16.81*	2.16	1.75	9.98***	-0.70

	*			*	*				
Uttar Pradesh									
Média	6597.91	10092.01	9497.86	292.57	453.16	3097.74	331.85	1263.76	104.70
CV%	18.92	20.26	30.77	34.08	20.78	33.52	52.11	28.38	145.58
A.C.	2237.52	3885.11	3741.45	205.99	157.73	504.61	133.97	699.72	216.22
R.C. %	40.79	46.59	43.42	111.30	38.63	16.02	53.62	72.37	1604.77
CGR%	5.44***	6.35***	6.19**	10.90***	4.92**	1.27	7.31	8.78***	109.10**

*Nota: *** e ** indicam níveis de significância de 1 e 5 por cento*

O custo da mão de obra mecânica aumentou mais de 232,66% durante o período I, com uma taxa de crescimento significativa de 13,78% em Haryana, o que indica um elevado nível de mecanização na cultura do milheto. O custo da mão de obra mecânica registou o maior aumento de 232,66% durante o período I, com um crescimento significativo de 13,78% em Haryana, o que indica um elevado nível de mecanização no cultivo do milho-miúdo. O custo das sementes também registou um aumento significativo em todos os principais Estados durante o período II. As horas de trabalho animal diminuíram devido ao aumento das horas de trabalho das máquinas em todos os Estados. O custo da irrigação, mais elevado em Gujarat, aumentou 307,09% durante o período I, com um crescimento de 23,28% por ano. Todos os Estados foram considerados instáveis em termos de custo total, custo dos factores de produção e rendimento bruto, uma vez que o coeficiente de variação foi superior a 20% em todos os Estados.

O desempenho do crescimento do custo e do rendimento da cultura do milheto-pérola durante todo o período é apresentado no quadro 4.9. Foram encontrados resultados semelhantes no período global de custo e rendimento do milho-miúdo. O valor mais alto do custo C2 foi encontrado no estado de Gujarat, no valor de 23016,62 ?/ha, seguido por Haryana (18739,01 ?/ha), Uttar Pradesh (17994,83?/ha), e o mais baixo em Rajasthan (12483,65 ?/ha). O maior aumento do custo C2 foi observado em 402,82%, com um crescimento composto significativo de 10,81% no Rajastão, enquanto o menor foi de 337,28%, com um crescimento significativo de 9,35% em Uttar Pradesh. Os resultados estão em consonância com Narayanmurthi *et al.* (2014), que concluíram que a cultura do milho-miúdo cultivado em condições de sequeiro no Rajastão também está a produzir rendimentos negativos devido ao aumento substancial do custo C2. O custo A2+FL foi encontrado mais alto em Gujarat (17281.84 ?/ha) seguido por Haryana (12328.50 ?/ha), Uttar Pradesh (11980.62 ?/ha), e mais baixo em Rajasthan (8917.75 ?/ha). Também aumentou mais de 389,50 por cento no Rajastão, com um crescimento de 10,93 por cento, e menos de 346,97 por cento, com um crescimento significativo de 9,42 por cento no Uttar Pradesh. O rendimento bruto da produção de milho-miúdo foi o mais elevado em Gujarat, com um valor de 27869,36 ?/ha, que aumentou 368,00 por cento, com um crescimento significativo de 11,41 por cento ao ano. O rendimento bruto mais baixo foi registado em Rajasthan, com 12152,78 ?/ha, um aumento de 346,42% e um crescimento significativo de 9,80% por ano. Insumos como sementes, fertilizantes e estrume, trabalho humano e

Quadro 4.8: Crescimento, estatísticas descritivas e variação dos custos, rendimentos e custos dos factores de produção do milho-miúdo na Índia entre 2006-07 e 2016-17 (₹ por ha)

Particularidades	COC A2+FL	CUSTO C2	Rendimento bruto	Semente	F&M	Trabalho humano	Trabalho animal	Mão de obra mecânica	Irrigação
Gujarat									
Média	24498.16	32982.45	41220.15	1358.80	3116.22	11334.49	854.54	3778.93	3032.93
CV%	40.31	37.75	34.30	36.07	35.46	44.80	25.57	27.40	65.41
A.C.	22638.33	28433.16	30861.52	1108.39	2491.12	11534.30	117.02	2265.04	4406.73
R.C. %	159.00	143.86	119.24	135.25	124.94	197.32	18.09	78.91	323.40

Variação em relação ao período I (%)	164.45	176.15	216.22	227.01	130.29	178.20	10.10	145.29	307.09
CGR (%)	14.49***	13.93***	12.55***	13.12***	11.87***	16.78***	2.90	8.80***	23.28***
Han				**<ana**					
Média	17771.03	27530.85	23831.20	723.44	1167.13	11287.03	374.12	4266.21	576.09
CV%	33.54	39.24	28.62	23.32	38.23	36.09	71.80	36.66	79.02
A.C.	10175.69	24467.49	12477.45	369.24	908.20	9087.74	-514.19	3559.69	565.49
R.C. %	86.68	166.75	68.81	72.16	130.77	135.49	-87.85	144.23	142.74
Variação em relação ao período I (%)	158.08	176.77	204.31	162.13	200.86	194.06	-4.10	232.66	52.53
CGR %	9.21***	14.34***	8.99***	8.22***	13.17***	13.00***	-25.05***	13.78***	12.12
Rajastão									
Média	12899.82	17910.82	16835.06	606.38	579.44	8644.57	98.26	2236.78	166.98
CV%	41.14	40.25	38.15	32.85	38.65	46.49	70.44	34.98	79.54
A.C.	12099.18	16580.03	12811.67	387.80	346.97	9181.96	-84.75	1760.98	20.76
R.C. %	174.58	165.82	123.24	105.39	99.42	220.36	-58.58	131.33	10.92
Variação em relação ao período I (%)	187.09	177.54	142.22	301.3131	167.8205	248.1995	43.79097	190.7301	25.22048
CGR %	15.62***	14.90***	13.63***	12.13***	13.22***	17.87***	-4.90	12.33***	11.73
Uttar Pradesh									
Média	17363.33	25897.66	26063.77	794.81	859.99	9420.15	426.41	3218.22	378.91
CV%	33.52	32.27	39.24	31.12	24.90	36.18	104.16	28.90	73.72
A.C.	12512.57	18609.58	21767.75	573.78	209.87	7722.30	-768.05	2011.66	447.70
R.C. %	104.20	104.22	127.37	105.84	31.15	128.88	-84.52	91.38	198.57
Variação em relação ao período I (%)	163.16	156.62	174.42	171.67	89.78	204.10	28.50	154.65	261.91
CGR %	11.19***	11.00***	12.61***	10.33***	4.16	12.88***	-22.38**	9.14***	23.08

*Nota: *** e ** indicam níveis de significância de 1 e 5 por cento*

O custo do trabalho humano foi o mais elevado de todos os factores de produção e o custo do trabalho mecânico manteve-se na segunda posição. O custo da mão de obra humana foi o mais elevado de todos os factores de produção e o custo da mão de obra mecânica manteve-se na segunda posição. Observou-se também que os agricultores do estado de Gujarat consumiram mais fertilizantes e estrume e, portanto, o custo foi mais elevado, cerca de 2281,08 ?/ha, em comparação com outros estados durante o período de estudo. O custo de irrigação também foi encontrado Significativo em todos os estados exceto Rajasthan e encontrado mais alto em Gujarat cerca de 1949.18 ?/ha durante o período total. A razão por trás do aumento do custo da semente não é apenas o aumento da taxa de semente, mas o aumento do prémio por unidade em todos os estados. A taxa de sementes variou de 4,29 a 8,18 Kg/ha, enquanto o prémio por unidade variou de 10,59 a 258,40 ?/Kg, o que indica uma grande diferença entre a taxa de sementes e o prémio por unidade em todos os estados (Des., 2020). As horas de trabalho humano foram mais elevadas do que as horas de trabalho mecânico no cultivo do milho-miúdo e também se observou um aumento dos custos devido a um aumento dos preços unitários, o que indica um baixo nível de mecanização necessário para promover um elevado nível de mecanização e uma boa gestão agrícola com práticas eficientes de gestão de nutrientes, o que ajudará a aumentar o rendimento do milho-miúdo e, consequentemente, os lucros para os agricultores. O custo da mão de obra animal diminuiu em Estados como Haryana e Uttar Pradesh e registou também um crescimento positivo, mas não significativo, em Gujarat e no Rajastão. O aumento da mecanização indica que a maior parte das práticas agrícolas, desde a preparação do terreno até à colheita da cultura, são efectuadas com alfaias puxadas por máquinas em todos os Estados. Os resultados do coeficiente de variação revelaram que nenhum dos Estados foi considerado coerente em termos de custo e de rendimento da cultura do milho-miúdo durante todo o período, o que indica um elevado grau de variação em todos os principais Estados.

4.2.1 Participação dos factores no custo total da cultura do milho-miúdo

A estrutura de custos por Estado, ilustrada na figura 4.1, revela que a parte dos factores no custo total varia de Estado para Estado. Verificou-se que o custo do trabalho humano representava a parte máxima do custo total em Gujarat, Haryana e Rajasthan, enquanto o custo fixo representava a parte máxima em Uttar Pradesh. No Uttar Pradesh, os custos fixos representam a parte mais elevada de todos os Estados, cerca de 41,0 por cento do custo total. O custo fixo inclui o valor de aluguer da terra própria,

Quadro 4.9: Crescimento, estatísticas descritivas e variação dos custos, rendimentos e custos dos factores de produção do milho-miúdo na Índia entre 1997-98 e 2016-1 (₹ perha)

Particularidades	COC A2+FL	CUSTO C2	Rendimento bruto	Semente	F & M	Trabalho humano	Trabalho animal	Mão de obra mecânica	Irrigação
Gujarat									
Média	17281.84	23016.62	27869.36	911.99	2281.08	7895.42	817.40	2718.66	1949.18
CV%	60.89	60.69	63.27	65.96	52.77	65.66	26.42	51.12	94.12
A.C.	28959.63	37949.54	44618.32	1616.52	3297.42	13749.17	172.57	3978.14	5017.43
R.C. %	365.81	370.30	368.00	519.14	277.65	378.71	29.18	343.70	667.27
CGR %	10.12***	10.39***	11 д-р**	12.80***	8.71***	10.44***	1.54	9.70***	14.16***
Haryana									
Média	12328.50	18739.01	15831.26	499.71	777.53	7562.67	382.12	2774.33	476.89
CV%	56.69	62.73	60.14	52.94	65.26	62.93	54.32	68.11	82.14
A.C.	16388.33	30920.53	23548.32	691.04	1238.72	12364.70	-279.70	5204.65	785.66
R.C. %	296.56	376.15	333.38	363.82	340.31	360.46	-79.72	632.38	446.42
CGR %	8.87***	9.71***	10.22***	9.87***	10.16***	9.85***	-5.80**	12.43***	6.51**
Rajastão									
Média	8917.75	12483.65	12152.78	398.67	418.84	5856.43	87.68	1582.17	158.06
CV%	64.32	62.74	57.06	67.27	61.98	70.86	59.50	57.69	91.18
A.C.	15142.01	21292.88	18008.71	639.79	545.72	10751.39	-7.68	2440.09	107.68
R.C. %	389.50	402.82	346.42	551.61	363.24	413.92	-11.35	368.74	104.28
CGR %	10.93***	10.81***	9.80***	14.04***	11.73***	11.39***	0.32	10.60***	2.35
Uttar Pradesh									
Média	11980.62	17994.83	17780.81	543.69	656.58	6258.94	379.13	2240.99	241.80
CV%	57.39	55.80	63.08	58.19	40.14	64.96	87.46	54.21	107.65
A.C.	19034.58	28126.34	30240.98	930.80	475.27	10565.38	-109.20	3246.23	659.68
R.C. %	346.97	337.28	350.93	502.91	116.41	335.53	-43.71	335.76	4896.21

CGR %	9.42***	9.35***	10.05***	10.61***	6.04***	11.18***	-3.37	9.58***	41.06***

renda paga por terras arrendadas, taxas e impostos sobre o rendimento fundiário, depreciação de utensílios e edifícios agrícolas e juros sobre o capital fixo. O custo do trabalho humano variou entre 34% em U.P. e Gujarat e 46% em Rajasthan. Este custo inclui o custo da mão de obra familiar, ocasional e assalariada. Devido à maior utilização de horas de trator em Haryana, a percentagem de mão de obra mecânica foi a mais elevada (14%) de todos os Estados. Noutros Estados, a utilização de mão de obra mecânica foi comparativamente baixa, pelo que a percentagem foi de 13% em Gujarat, Rajasthan e Uttar Pradesh. A utilização de horas de trabalho animal variou entre 1% no Rajastão e o máximo de 5% em Gujarat. O consumo de fertilizantes e de estrume é mais elevado em Gujarat, pelo que a sua percentagem é de 11% em comparação com os outros Estados. Os encargos com a irrigação representaram a percentagem mais elevada, de 7%, em Gujarat, devido ao facto de as áreas cultivadas serem irrigadas, enquanto a percentagem mais baixa foi registada em Uttar Pradesh, com cerca de 1% do custo total. O custo das sementes representa 2 a 4% do custo total, enquanto os juros sobre o capital de exploração representam 1 a 2% do custo total. Em todos os Estados, a percentagem de produtos químicos foi inferior a um por cento, o que indica que os agricultores adoptaram muito poucas medidas de controlo contra pragas e doenças, o que pode ser a causa do baixo rendimento da cultura do milho-miúdo.

4.2.2 Rentabilidade da cultura do amendoim

O rácio entre o custo de produção c_2 e o preço mínimo de apoio foi estimado para compreender se o PMS cobre ou não o custo de produção, apresentado no Quadro 4.10.

Em Gujarat, o rácio entre o custo de produção C2 e o preço mínimo de venda (MSP), que foi superior a um em 11 dos 19 anos, revelou que o preço mínimo de apoio não cobria o custo de produção c_2. O custo pago A2+FL também foi considerado e verificou-se que os agricultores não conseguiram recuperar o custo pago e os encargos com a mão de obra familiar apenas num ano em 19 anos. No Haryana, o rácio foi superior a um em 17 anos para o COP C2 e em 2 anos para o COP A2+FL. No Rajastão, a MSP não foi coberta pelo COP C2 em 8 anos e o custo pago, incluindo a mão de obra familiar, em apenas 1 ano. No Uttar Pradesh, o custo pago foi totalmente coberto pela MSP, ao passo que o custo de produção c_2 não foi coberto em 3 dos 20 anos, o que indica uma perda para os agricultores. Este

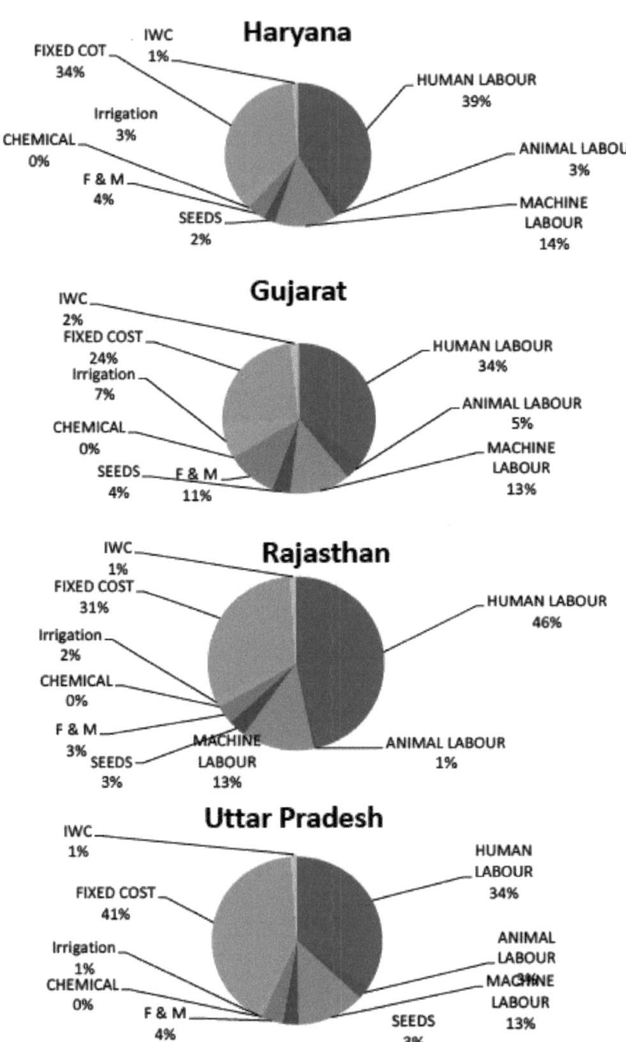

Fig. 1. Estrutura estatal do custo de cultivo do milho-miúdo na Índia (média de 1997-98 a 2016-17)

A informação deve ser muito eficaz para os decisores políticos na formulação de uma política de preços de apoio. São muitos os factores que afectam a formulação da política de preços, mas se os produtores de milho-miúdo não obtiverem um preço remunerador, mudarão para outras culturas rentáveis e a quota de superfície diminuirá ainda mais, o que poderá afetar negativamente a sua importância entre os principais cereais.

Quadro 4.10: Rácio entre o custo de produção A2+FL e C2 e a MS

Ano	Gujarat		Haryana		Rajastão		Uttar Pradesh	
	C2 COP /MSP	A2+FL COP/MSP	C2 COP /MSP	A2+FL COP/MSP	C2 COP /MSP	A2+FL COP/MSP	C2 COP /MSP	A2+FL COP/MSP
1997-98	NA	NA	1.11	0.76	0.96	0.71	0.80	0.52

1998-99	1.07	0.83	1.16	0.77	NA	NA	0.94	0.63
1999-00	1.38	1.05	1.61	1.08	1.26	0.91	1.10	0.70
2000-01	1.22	0.98	1.25	0.87	1.13	0.84	0.85	0.60
2001-02	0.96	0.79	0.97	0.71	0.63	0.48	0.92	0.65
2002-03	1.22	0.99	1.60	1.16	1.16	0.79	1.37	0.91
2003-04	1.01	0.82	1.13	0.78	0.65	0.47	0.90	0.58
2004-05	1.08	0.88	1.31	0.90	0.93	0.67	0.89	0.58
2005-06	1.10	0.87	1.39	0.94	1.14	0.78	1.13	0.67
2006-07	1.10	0.88	1.27	0.85	1.08	0.95	0.98	0.66
2007-08	1.02	0.82	1.13	0.75	0.93	0.64	0.90	0.59
2008-09	0.73	0.53	0.92	0.56	0.80	0.59	0.87	0.58
2009-10	0.88	0.66	1.05	0.66	0.85	0.59	0.91	0.62
2010-11	0.89	0.66	1.12	0.74	0.76	0.57	0.87	0.59
2011-12	0.93	0.71	1.19	0.85	0.96	0.76	0.89	0.59
2012-13	0.82	0.60	1.21	0.81	1.11	0.87	0.79	0.50
2013-14	0.83	0.62	0.96	0.67	0.85	0.66	0.88	0.63
2014-15	0.91	0.70	1.19	0.83	0.95	0.70	0.83	0.54
2015-16	1.00	0.78	1.38	0.98	1.35	1.01	0.89	0.59
2016-17	1.01	0.79	1.07	0.67	1.00	0.75	0.84	0.60
COP>MSP	11	1	17	2	8	1	3	0

Nota: A2+FL, C2 COP e MSP representam o custo de produção A2, incluindo o custo da mão de obra familiar, o custo de produção C2 e o preço mínimo de apoio. NA: Não disponível.

Quadro 4.11: Estatísticas descritivas do custo de produção nos principais estados da Índia, 1997-98 a 2016-17

Particularidades	Gujarat	Haryana	Rajastão	Uttar Pradesh
Média	715.72	893.07	724.08	684.82
CV(%)	44.94	44.23	58.02	40.56
COP mínimo	417.13	398.67	306.29	287.74
COP máximo	1342.20	1763.76	1720.49	1152.23
CGR	23.36	7.10	23.54	6.96

O Estado é comparativamente vantajoso se produzir um bem ao menor custo. Por conseguinte, o custo de produção da cultura do milho-miúdo foi comparado e apresentado no quadro 4.11. Entre todos os Estados, o custo de produção do quintal de milho-miúdo foi mais elevado em Haryana, seguido de Rajasthan, Gujarat e Uttar Pradesh, com cerca de 893,07, 724,08, 715,72 e 684,82 ?/q, respetivamente. O COP máximo (1763,76 ?/q) foi encontrado em Haryana em 2015-16, enquanto o mínimo foi encontrado em Rajasthan (306,29 ?/q) em 2001-02, devido à alta variação no rendimento do milheto pérola. O coeficiente de variação do custo de produção foi mais elevado no Rajastão (58,02 %) e menos no Uttar Pradesh (40,56 %) durante o período de estudo. O custo de produção do milho-miúdo registou uma tendência crescente em todos os Estados durante o período de estudo (figura 4.2).

4.3 Evolução estrutural da produção de milho-miúdo

4.3.1 Quebra estrutural das séries de produção de milho-miúdo nos principais Estados

Foi feita uma tentativa de identificar a natureza e o momento de uma mudança estrutural na produção de milho-miúdo (Quadro 4.12). Durante os períodos de estudo, os principais Estados registaram mudanças significativas na produção de milho-miúdo. Os resultados do teste F revelaram que a hipótese nula de ausência de mudança estrutural foi rejeitada pelo Rajastão, Uttar Pradesh e Haryana nos pontos de rutura 6, 13 e 9, que mostraram uma rutura nos anos 2003, 2010 e 2006, respetivamente, durante o estudo (Figura 4.3). Em Gujarat, não foi possível rejeitar a hipótese nula, o que significa que não há provas de rutura estrutural em nenhum ano de produção de milho-miúdo. Isto sugere que o nível de produção de milho-miúdo registou uma mudança estrutural durante o período de estudo. No entanto, não foram encontrados indícios de quebra estrutural na série cronológica da produção, o que sugere que a quebra ou instabilidade na série cronológica devido a mudanças institucionais ou tecnológicas, irrigação ou precipitação afectou apenas a tendência da série cronológica da produção. Debabrata (2019) também trabalhou para investigar a quebra estrutural na produção de arroz para os dez principais países asiáticos produtores de arroz de 1961 a 2016 e não encontrou nenhuma quebra no crescimento da produção de arroz em valores de nível após a Revolução Verde Asiática.

Custo de produção

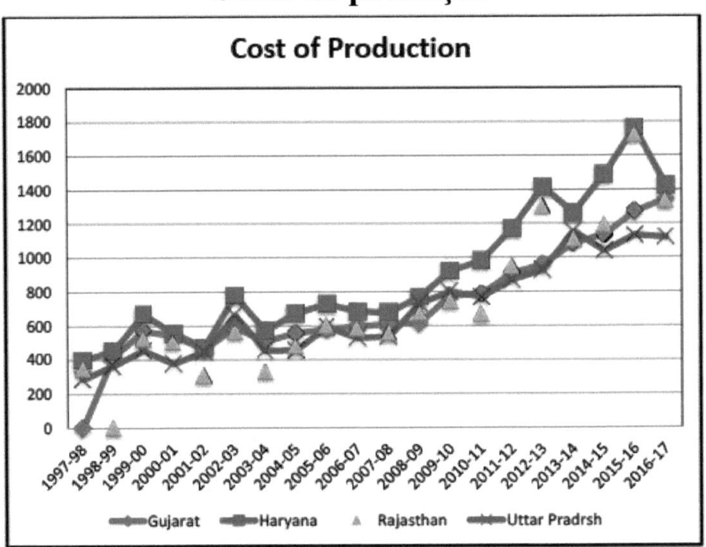

Fig 4.2: Evolução do custo de produção do milho-miúdo na Índia, por Estado, de 1997-98 a 2016-17

Quadro 4.12: Quebras estruturais por Estado na série cronológica da produção de milho painço.

Estado	Teste F	Valor P	Pontos de paragem na observação n.	Ano de interrupção
Rajastão	13.752	0.0045	6	2003
Uttar Pradesh	83.253	2.2e-16	13	2010
Haryana	8.0941	0.0632	9	2006
Gujarat	4.7282	0.2774	NA	NA

4.3.2 Factores determinantes que influenciam a produção de milho-miúdo

Para descobrir os factores determinantes que influenciam a produção de milho-miúdo, foi calculada uma regressão em painel e os resultados foram apresentados no Quadro 4.13. Foram estimadas duas abordagens básicas, *ou seja,* o modelo OLS agrupado e o modelo de efeitos fixos (FEM). O modelo de efeitos aleatórios (REM) não foi realizado para o presente estudo devido à violação do pressuposto de que o número de unidades de secção transversal deve ser superior ao número de variáveis nos dados de painel. O modelo OLS agrupado não consegue dar o efeito específico da unidade de secção transversal e tomá-lo como contínuo torna-o um modelo inaceitável na regressão em painel. Para além da limitação do modelo OLS agrupado, os resultados foram apresentados numa tabela para comparar os diferentes sinais do coeficiente com o modelo de efeito fixo, o que induz em erro a inferência. As variáveis consideradas no modelo com valores de VIF inferiores a 10 revelaram quase nenhum problema grave de colinearidade. O fator de inflação da variância para a multicolinearidade é apresentado no Apêndice. Para ultrapassar o problema da heterocedasticidade e da autocorrelação, estimou-se o modelo EGLS ou FGLS (Feasible Generalized Least Square). O teste de White para a heterocedasticidade e o teste de Wooldridge para a autocorrelação foram efectuados para verificar a validade do modelo OLS agrupado e do modelo de efeitos fixos. O teste de White revelou a rejeição da hipótese nula de homocedasticidade no modelo OLS agrupado, enquanto o teste de Wooldridge rejeita a hipótese nula de ausência de autocorrelação no modelo OLS agrupado e é aceite no modelo de EF (FGLS). Por conseguinte, preferiu-se o modelo de EF e os resultados centraram-se no modelo de EF. O coeficiente do rácio entre o custo de cultivo e o preço (MSP) do milho-miúdo foi considerado negativo (0,66) e estatisticamente significativo a um nível de significância de um por cento. Este facto revela que o governo deve concentrar-se em tornar os agricultores remuneradores no cultivo do milho-miúdo. Com cada aumento unitário do custo de cultivo ou redução do preço ou aumento do rácio, os agricultores declinam o cultivo de milho-miúdo e mudam para outras culturas de elevado valor, o que teria um impacto na produção de milho-miúdo reduzida em 0,66 unidades em todos os principais estados. As culturas concorrentes variam consoante os Estados, *nomeadamente* o arroz em Haryana e Uttar Pradesh, o algodão em Gujarat e o milho em Rajasthan. O coeficiente das culturas concorrentes é positivo e estatisticamente significativo a um nível de significância de 5 por cento. Um aumento unitário do preço da cultura concorrente terá impacto na produção de milho-miúdo, aumentando 0,22 unidades em todos os principais Estados. Nos principais Estados produtores de milho-miúdo, o cultivo está a ser feito principalmente em regiões áridas e em condições de sequeiro. Os pequenos agricultores e os agricultores marginais das regiões áridas e semi-áridas dependem apenas de culturas que consomem pouca água e

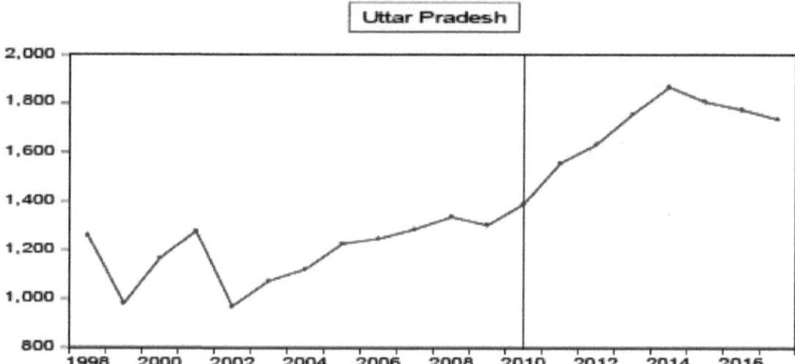

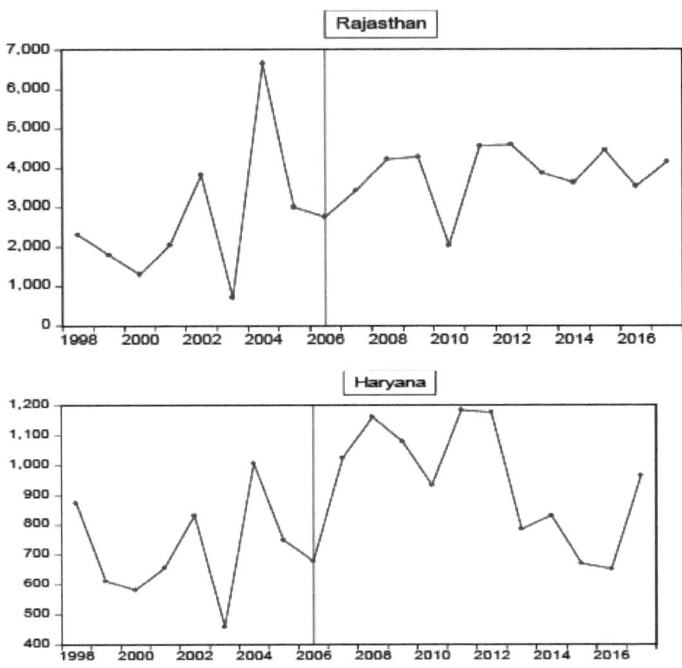

Fig. 4.3: Pontos de rutura estrutural por estado nas séries cronológicas de produção

Os painços menores são a única possibilidade. Assim, o milheto pérola é considerado uma das principais culturas para a sua remuneração e para satisfazer a segurança alimentar do país.

Quadro 4.13: Estimativa do modelo de efeitos fixos e agrupados para a produção de milho-miúdo.

Variáveis	OLS agrupado		FE (EGLS)	
	Coeff.	Valor P	Coeff.	Valor P
Rácio de lucro	-4.79	0.91	8.36	0.67
COC e rácio de preços	-115.82***	0.00	-66.94***	0.00
Preço das culturas concorrentes	0.34**	0.04	0.22**	0.03
Rendimento de P.M.	-0.41**	0.04	-0.16	0.26
Precipitação	-0.16	0.78	0.13	0.67
constante	4530.29***	0.0. 0	2698.51***	0.726
Adj. R^2	0.2	>3	0.11	
Teste F	8.84***	0.00	3.09**	0.01
Teste Pesaran	-	-	0.59	0.55
Ensaio de Wooldridge	6.839*	0.08	-	-
Teste de White	28.68*	0.09	-	-

*Nota: ***/**/* significativo ao nível de 1%, 5% e 10%, respetivamente.*

4.3.3 Análise da cadeia de Markov

Foi feita uma tentativa de descobrir a cultura concorrente do milheto pérola em cada estado usando a Análise de Cadeia de Markov e os resultados são apresentados nas Tabelas 4.14 a 4.21. A estabilidade da quota percentual e a mudança da área cultivada de uma cultura para outra ao longo de um período de tempo foram apresentadas pela matriz de probabilidade transitória. Os valores nulos dos elementos da diagonal tornam a cultura cada vez menos estável e, à medida que se aproximam de um, tornam-se cada vez mais estáveis ao longo de um período de tempo. Os elementos da linha i^{th} indicam a perda proporcional da área cultivada no período anterior em relação a outras culturas no período atual. O elemento da coluna i^{th} indica o ganho proporcional de área da cultura i^{th} no período atual. Os resultados da matriz de probabilidade transitória para as culturas no Estado do Rajastão em ambos os períodos são apresentados nos quadros 4.14 e 4.15. As culturas consideradas no estudo foram as principais culturas *da Kharif, ou seja,* milho, painço, jowar, sésamo, soja, algodão e outras culturas.

Pode inferir-se dos resultados do Estado do Rajastão no período I que a cultura do milho-miúdo manteve 46,4% da sua área no ano anterior e perdeu cerca de 17,7% para outras culturas, 15,32% para a cultura do milho, 8,54% para o sésamo, 6,94% para o jowar e 5,1% para a cultura do algodão. Sendo uma cultura dominante no Estado do Rajastão, o milho-miúdo manteve-se cada vez mais estável, com uma retenção de 77,54% no período II. Perdeu uma parte muito pequena da área do ano anterior para o milho, o jowar, o algodão e o sésamo, com 10,45, 5,98, 4,03 e 2,0 por cento, respetivamente. Em ambos os períodos, observou-se que a cultura do milho-miúdo perdeu a sua maior área para a cultura do milho, que é uma cultura concorrente no Estado do Rajastão. Ganhou a

Quadro 4.14: Matriz de probabilidade de transição para o milho-miúdo no Estado do Rajastão durante o período I (1997-98 a 2006-07)

Culturas	Milho	P.M.	Jowar	Sésamo	Soja	Algodão	Outros
Milho	0.0000	1.0000	0.0000	0.0000	0.0000	0.0000	0.0000
P.M.	0.1532	0.4640	0.0694	0.0854	0.0000	0.0510	0.1770
Jowar	0.0000	0.0000	0.0000	0.0000	0.0000	0.0000	1.0000
Sésamo	0.0000	1.0000	0.0000	0.0000	0.0000	0.0000	0.0000
Soja	0.0705	0.9295	0.0000	0.0000	0.0000	0.0000	0.0000
Algodão	0.1623	0.2578	0.2277	0.0000	0.0000	0.3522	0.0000
Outros	0.0629	0.1637	0.0507	0.0000	0.2360	0.0229	0.4638

Quadro 4.15: Matriz de probabilidades de transição para o milho-miúdo no Estado do Rajastão durante o período II (2007-08 a 2016-17)

Culturas	Milho	P.M.	Jowar	Sésamo	Soja	Algodão	Outros
Milho	0.1378	0.0000	0.0030	0.0000	0.8591	0.0000	0.0000
P.M.	0.1045	0.7754	0.0598	0.0200	0.0000	0.0403	0.0000
Jowar	0.0000	0.8851	0.0000	0.0000	0.1149	0.0000	0.0000
Sésamo	0.0314	0.2134	0.0000	0.7552	0.0000	0.0000	0.0000
Soja	0.0057	0.1223	0.0851	0.0000	0.0000	0.2598	0.5270
Algodão	0.0000	0.0000	0.5016	0.0000	0.4984	0.0000	0.0000
Outros	0.1134	0.0029	0.0000	0.0000	0.0007	0.0000	0.8829

maior área de soja no período I e de jowar no período II, cerca de

92,95 por cento e 88,51 por cento, respetivamente. O estado do Rajastão registou um nível extremo de sobre-exploração das águas subterrâneas. A área líquida irrigada por todas as fontes durante 2015-16 foi de 79,38 lakh hectares, contra 78,82 lakh hectares em 2014-15, registando um aumento de 0,71%. O aumento das instalações de irrigação leva os agricultores a optarem por culturas de elevado valor, o que os torna mais rentáveis. Foi igualmente observado que

que o milho é a principal cultura concorrente do milheto-pérola, não conseguiu manter-se no período I e perdeu toda a sua quota de área do ano anterior para a cultura do milheto-pérola e ganhou mais com o milheto-pérola e o algodão, cerca de 15,32 e 16,23 por cento, respetivamente. Meena (2017) observou semelhanças na área, produção e produtividade em diferentes distritos do Rajastão durante o período de 1980 a 2014. Também foi observado que todos os distritos mostraram diversificação moderada a completa durante o período de estudo. Jangid (2018) constatou que o Rajastão é um estado produtor de cereais alimentares, uma vez que ocupa mais de 50% da área bruta cultivada com cereais alimentares desde 1991-95 até 201114. Observou-se um declínio acentuado de 5,46% nos cereais, de 43,12% em 1991-95 para 37,66% em 2011-14, devido à diminuição da área cultivada com bajra em cerca de 6,0%, de 24,41% em 1991-95 para 18,77% no ano de 2011-14, seguida de sorgo (1,28%), milho (0,88%) e arroz (0,04%).

Os resultados da matriz de probabilidade transitória para as culturas no estado de Uttar Pradesh para ambos os períodos (período I e período II) são apresentados nos quadros 4.16 e 4.17, respetivamente. As culturas consideradas no estudo foram o arroz, o milho, o milho-miúdo, o jowar, a turfa, a cana-de-açúcar e outras culturas. Os resultados revelaram que o milho-miúdo permaneceu instável no período I e mostrou estabilidade no período II. Perdeu a quota de área do ano anterior para as suas culturas concorrentes, ou seja, outras culturas, arroz e milho, em cerca de 52,36, 43,83 e 3,81 por cento, respetivamente. Sendo a cultura dominante, o arroz ganhou 43,83% da área do milheto no período I e a maior área de 89,27% no período II. A área bruta irrigada no estado aumentou para 35,82 lakh hectares no ano de 2016-17 de 35,47 lakh hectares em 2015-16. A mudança de área para o arroz e outras culturas concorrentes em ambos os períodos em Uttar Pradesh indicou que o aumento da facilidade de irrigação muda o padrão de cultivo para a melhor cultura de cereais, como o arroz, que é um empreendimento mais lucrativo. Aloka e Sandeep (2013) observaram que a área cultivada com todas as culturas de cereais grosseiros diminuiu para 0,3 milhões de hectares entre 1980 e 2000 e que a cultura do arroz substituiu o milheto, o sorgo e o milho durante o mesmo período. Adnan (2014) constatou que a área e a produção de cereais finos (arroz e trigo) aumentaram ao longo do período anterior à Revolução Verde 60 (1950-53) para o período pós-Revolução Verde (até 2006-09) e observou igualmente que a superfície e a produção de outras culturas tradicionais, como leguminosas, cereais grosseiros e pequenos painços, diminuíram. O padrão de cultivo no Uttar Pradesh está a mudar para culturas de alto valor orientadas para o mercado, que são mais rentáveis e menos arriscadas de cultivar.

Quadro 4.16 Matriz de probabilidade de transição para o milho-miúdo no estado do Uttar Pradesh durante o período I (1997-98 a 2006-07)

Culturas	Arroz	Milho	P.M.	Tur	Jowar	S'cane	Outros
Arroz	0.7410	0.0000	0.1230	0.0000	0.0399	0.0961	0.0000
Milho	0.0119	0.6458	0.0000	0.2024	0.0258	0.0000	0.1141
P.M.	0.4383	0.0381	0.0000	0.0000	0.0000	0.0000	0.5236
Tur	0.0000	0.6127	0.3873	0.0000	0.0000	0.0000	0.0000
Jowar	0.9729	0.0271	0.0000	0.0000	0.0000	0.0000	0.0000
S'cane	0.1955	0.0000	0.0016	0.0504	0.0146	0.7379	0.0000
Outros	0.5583	0.0000	0.0000	0.1465	0.0000	0.0000	0.2952

Quadro 4.17: Matriz de probabilidade de transição para o milho-miúdo no estado de Uttar Pradesh durante o período II (2007-08 a 2016-17)

Culturas	Arroz	Milho	P.M	Jowar	Tur	S'cane	Outros
Arroz	0.3722	0.0584	0.1323	0.0000	0.0195	0.2783	0.1393
Milho	0.0717	0.4735	0.0376	0.0000	0.0521	0.3650	0.0000
P.M	0.8927	0.0000	0.1073	0.0000	0.0000	0.0000	0.0000
Jowar	0.3553	0.0000	0.0000	0.6447	0.0000	0.0000	0.0000
Tur	1.0000	0.0000	0.0000	0.0000	0.0000	0.0000	0.0000
S'cane	1.0000	0.0000	0.0000	0.0000	0.0000	0.0000	0.0000
Outros	0.2615	0.0471	0.0000	0.0626	0.1456	0.2527	0.2306

Quadro 4.18: Matriz de probabilidades de transição para o milho-miúdo no Estado de Haryana

durante o período I (1997-98 a 2006-07)

Culturas	Arroz	P.M	Algodão	S'cane	Outros
Arroz	0.5284	0.3081	0.0717	0.0917	0.0000
P.M.	0.1542	0.0000	0.8458	0.0000	0.0000
Algodão	0.5006	0.2783	0.0000	0.0000	0.2211
S'cane	0.0000	0.3218	0.0000	0.3444	0.3338
Outros	0.6574	0.3426	0.0000	0.0000	0.0000

Quadro 4.19: Matriz de probabilidade de transição para o milho-miúdo no Estado de Haryana durante o período II (2007-08 a 2016-17)

Culturas	Arroz	P.M.	Algodão	S'cane	Outros
Arroz	0.5864	0.0252	0.3120	0.0131	0.0633
P.M.	0.1495	0.7371	0.0000	0.0238	0.0896
Algodão	0.5820	0.0000	0.2918	0.1240	0.0023
S'cane	1.0000	0.0000	0.0000	0.0000	0.0000
Outros	0.3119	0.6881	0.0000	0.0000	0.0000

O resultado da matriz de probabilidade transitória para as principais culturas em Haryana para os períodos I e II é apresentado nos quadros 4.18 e 4.19, respetivamente. O milho-miúdo, o algodão e outras culturas não conseguiram reter a parte da superfície do ano anterior no período I, enquanto a cana-de-açúcar e outras culturas não conseguiram reter nada no período II. O arroz, no período I, e o milheto de pérola, no período II, obtiveram a maior retenção da quota de superfície, de cerca de 52,84% e 73,71%, respetivamente. A cultura do milho-miúdo ganhou a todas as culturas no período I, enquanto ganhou ao arroz e a outras culturas apenas no período II, cerca de 68,81% e 2,52%, respetivamente. Perdeu a maior quota de área para o algodão, cerca de 84,58% no período I, e 14,95% para o arroz no período II. A cultura da cana-de-açúcar mostrou maior estabilidade no período I e perdeu toda a sua área para a cultura do arroz no período II. Isto indica que os produtores optam por culturas alternativas, como o arroz, por pensarem em rendimentos elevados, o que constitui o motivo por detrás da decisão dos agricultores em matéria de seleção de culturas. O arroz, em ambos os períodos, ganhou a todas as culturas e perdeu a sua área para o milheto de pérola cerca de 30,81% no período I, enquanto 31,20% para o algodão no período II. A cultura do algodão manteve a sua quota de área do ano anterior em cerca de 29,18% durante o período-II, enquanto perdeu a sua quota de área para o algodão, a cana-de-açúcar e outras culturas em cerca de 58,20%, 12,40% e 0,23%, respetivamente. Rani (2019) observou que as culturas com elevada necessidade de água dominaram o uso das terras agrícolas e as culturas com baixa necessidade de água perderam a sua importância no estado entre 1966-67 e 2015-16. Sunita *et al.* (2017) observaram que a área média aumentou apenas no caso do arroz, do trigo e da cevada, enquanto a área de outras culturas, como o jowar, o milheto, o milho, o algodão, a cana-de-açúcar, etc., diminuiu durante o período de estudo (1993-2013).

Quadro 4.20: Matriz de probabilidade de transição para o milho-miúdo no Estado de Gujarat durante o período I (1997-98 a 2006-07)

Culturas	Arroz	Algodão	P.M.	G'nut	Milho	Sésamo	Outros
Arroz	0.0000	0.6523	0.0000	0.3477	0.0000	0.0000	0.0000
Algodão	0.1879	0.6627	0.0000	0.0000	0.1380	0.0115	0.0000
P.M.	0.1840	0.0000	0.8160	0.0000	0.0000	0.0000	0.0000
G'nut	0.0000	0.0000	0.1008	0.6447	0.0300	0.0980	0.1265
Milho	0.1347	0.0000	0.0000	0.8653	0.0000	0.0000	0.0000
Sésamo	0.2834	0.4528	0.0000	0.0000	0.0000	0.2639	0.0000
Outros	0.0000	0.0000	0.0292	0.0000	0.1632	0.0475	0.7601

Quadro 4.21: Matriz de probabilidade de transição para o milho-miúdo no Estado de Gujarat durante o período II (2007-08 a 2016-17)

Culturas	Arroz	Algodão	P.M.	G'nut	Castor	Milho	Outros
Arroz	0.0000	1.0000	0.0000	0.0000	0.0000	0.0000	0.0000
Algodão	0.1801	0.3503	0.0000	0.3044	0.1262	0.0190	0.0200
P.M.	0.0000	0.4307	0.2563	0.0000	0.3130	0.0000	0.0000
G'nut	0.1821	0.3650	0.2946	0.0000	0.0704	0.0031	0.0848
Castor	0.0000	0.0000	0.0000	1.0000	0.0000	0.0000	0.0000
Milho	0.0000	0.0000	0.2529	0.0000	0.0000	0.1217	0.6255
Outros	0.0000	0.0000	0.0000	0.0000	0.1853	0.3012	0.5135

Os resultados do TPM para as principais culturas no estado de Gujarat são apresentados no Quadro 4.20 e no Quadro 4.21 para o período I e II, respetivamente. Pode inferir-se dos quadros que a cultura do milho-miúdo permaneceu mais estável no período I do que no período II. No período I, manteve 81,60% da área cultivada e ganhou 10,08% ao amendoim e 2,92% a outras culturas, respetivamente. Perdeu área para o arroz apenas cerca de 18,40 por cento no período I e perdeu para o algodão cerca de 43,07 por cento e 31,30 por cento para as culturas de rícino no período II, enquanto ganhou do amendoim e do milho cerca de 29,46 por cento e 25,29 por cento, respetivamente. Observou-se uma tendência decrescente da área de milho-miúdo durante o período de estudo. Ardeshna e Shiyani (2013) também observaram, utilizando a cadeia de Markov, que a cultura do milho-miúdo perdeu 99% da sua área para outras culturas durante o período de estudo (1990-91 a 2004-05). O arroz não conseguiu manter a sua quota de área em ambos os períodos, enquanto o milho no período I e o amendoim e a rícino permaneceram instáveis no período II. A cultura do algodão mostrou maior estabilidade em ambos os períodos e ganhou 65,23% da área no período I e 100% da área do arroz no período II.

4.4 Previsão da produção de milho pérola

4.4.1 Testes de estacionariedade

Os dados de séries temporais da produção de milho-miúdo de 51 anos, de 1967-68 a 2016-17, foram considerados para o desenvolvimento do modelo e a produção foi prevista para os próximos cinco anos, até 2022. O software estatístico R foi utilizado para a análise dos dados. A previsão foi efectuada utilizando três métodos principais: ARIMA, suavização exponencial e indicador a-Sutte. Um dos pressupostos importantes do ajustamento ARIMA, a estacionariedade, foi verificado através de diferentes testes e é apresentado no Quadro 4.22. O teste Augmented Dickey-Fuller (ADF) foi utilizado para testar a estacionariedade e mostrou que, após a primeira diferenciação, as séries cronológicas se tornaram estacionárias, exceto Gujarat, que se considerou estacionário ao seu nível. Os resultados do teste Kwiatkowski-Philips-Schmidt-Shin (KPSS) também foram semelhantes aos do teste ADF, mostrando que todos os principais Estados se tornaram estacionários na primeira diferença e Gujarat ao nível.

Quadro 4.22: Teste de estacionariedade da série cronológica da produção de milho-miúdo

Estado	ADF				KPSS			
	Nível		1st diff.		Nível		1st diff.	
	Tau	Valor P	Tau	Valor P	Tau	Valor P	Tau	Valor P
Gujarat	-4.99	0.01	-	-	0.26	0.1	-	-
Haryana	-2.25	0.47	-4.68	0.01	0.95	0.01	0.05	0.1
Rajastão	-2.33	0.44	-5.70	0.01	1.15	0.01	0.06	0.1
U.P.	-1.84	0.64	-5.25	0.01	1.23	0.01	0.09	0.1
Índia	-3.05	0.15	-5.99	0.01	1.19	0.01	0.05	0.1

Quadro 4.23: Modelo ARIMA (Autoregressive Integrated Moving Average) ajustado para a série cronológica da produção de milho-miúdo e critérios de informação de Akaike para ARIMA e alisamento exponencial

Estado	ARIMA Ordem (p,	AIC	Probabilidade

	d, q)	ARIMA	SES	DES	logarítmica
Gujarat	(1,0,1)	30.40	777.64	780.58	-11.2
Haryana	(0,1,1)	681.81	751.31	753.68	-338.9
Rajastão	(0,1,2)	838.82	916.07	911.98	-416.41
U.P.	(0,1,1)	646.22	715.63	713.59	-321.11
Índia	(0,1,2)	882.25	961.37	957.30	-437.13

Para selecionar o modelo ARIMA, foram examinadas a função de autocorrelação (ACF) e a função de autocorrelação parcial e o modelo foi selecionado com base no valor mínimo do critério de informação de Akaike (AIC). Foram estimados vários modelos para diferentes combinações de p e q em função do AIC. Os valores AIC para os modelos ARIMA, de alisamento exponencial e a-sutte ajustados são apresentados no quadro 4.23. Com base nos valores AIC mais baixos, o modelo ARIMA ajustado (1,0,1), (0,1,1), (0,1,2), (0,1,1) e (0,1,2) para Gujarat, Haryana, Rajasthan, U.P. e Índia, respetivamente, foi considerado o melhor modelo para a previsão da produção.

Tabela 4.24: Comparação da exatidão do conjunto de dados de treino e de teste para diferentes modelos de previsão

Particularidades	Modelo	MAPE	
		Formação	Teste
Gujarat	ARIMA	27.41	18.58
	SES	33.76	19.35
	DES	34.74	18.18
	a-sutte	55.04	27.05
Haryana	ARIMA	36.54	22.62
	SES	38.24	22.65
	DES	40.33	23.52
	a-sutte	66.97	21.77
Rajastão	ARIMA	53.27	18.99
	SES	53.80	22.03
	DES	49.14	23.06
	a-sutte	115.64	39.18
U.P	ARIMA	15.72	5.95
	SES	17.61	6.33
	DES	16.29	6.07
	a-sutte	22.10	3.83
Índia	ARIMA	22.35	10.92
	SES	22.34	12.80
	DES	21.90	13.01
	a-sutte	43.93	20.30

4.4.2 Validação do modelo

O modelo ajustado para ARIMA, suavização exponencial e a-sutte foi validado com base no erro médio absoluto de previsão (MAPE) e comparado através da divisão dos dados em conjuntos de dados de treino e de teste. A medida estatística para os diferentes métodos de previsão é apresentada na Tabela 4.24. As previsões dos principais Estados, incluindo a Índia, para os anos de 2017-18 a 2021-22, relativamente aos modelos ajustados, são apresentadas no Quadro 4.25. Os métodos de previsão variaram entre os diferentes Estados, o que dificultou a seleção dos métodos mais bem ajustados. O conjunto de dados de treino apresentou os valores MAPE mais baixos para o ARIMA, cerca de 27,40 e 36,54 em Gujarat e Haryana, respetivamente, enquanto os valores MAPE de 49,14, 16,29 e 21,90 para a suavização exponencial dupla foram os mais baixos em Rajasthan, U.P. e Índia, respetivamente.

Do mesmo modo, o conjunto de dados de teste apresentou o MAPE mais baixo para o ARIMA no Rajastão (18,99) e na Índia (10,92), enquanto para o a-sutte em Haryana (21,77) e U.P. (3,83). O alisamento exponencial duplo apresentou a MAPE mais baixa apenas em Gujarat, com cerca de 18,18. As razões para o elevado nível dos valores MAPE são o elevado grau de instabilidade das séries cronológicas de produção ao longo do ano. Os resíduos ACF e PACF também foram investigados para examinar a presença de autocorrelação e verificou-se que o primeiro desfasamento estatisticamente significativo para todos os Estados indica o problema de autocorrelação no modelo ARIMA (Figura 4.4 a 4.8). Os dados efectivos e os dados ajustados para os diferentes métodos foram comparados e o a-sutte foi considerado melhor do que outros métodos de previsão (Figura 4.9 a 4.13).

Quadro 4.25: Previsão da produção de milho-miúdo por Estado (em milhares de toneladas/ha)

Estados	Anos de previsão	ARIMA	SES	DES	a-Sutte
Gujarat	2017-18	1110.21	1028.20	938.94	874.4724
	2018-19	1071.40	1028.20	891.15	913.4567
	2019-20	1102.37	1028.20	843.35	960.2124
	2020-21	1077.49	1028.20	795.56	971.2121
	2021-22	1097.38	1028.20	747.76	1004.152
Haryana	2017-18	852.4942	854.51	908.62	1034.251
	2018-19	852.4942	854.51	917.37	1176.652
	2019-20	852.4942	854.51	926.12	1375.495
	2020-21	852.4942	854.51	934.86	1521.705
	2021-22	852.4942	854.51	943.61	1694.871
Rajastão	2017-18	4227.16	3886.87	4863.18	4412.228
	2018-19	4229.39	3886.87	4965.16	4453.289
	2019-20	4290.20	3886.87	5067.14	4781.69
	2020-21	4351.00	3886.87	5169.13	4997.129
	2021-22	4411.81	3886.87	5271.11	5197.634
Uttar Pradesh	2017-18	1813.09	1757.21	1811.46	1692.572
	2018-19	1838.24	1757.21	1835.96	1654.522
	2019-20	1863.40	1757.21	1860.46	1614.835
	2020-21	1888.55	1757.21	1884.96	1574.928
	2021-22	1913.70	1757.21	1909.46	1536.175
Índia	2017-18	9446.07	8954.08	10356.02	9965.787
	2018-19	9523.05	8954.08	10516.66	10303.2
	2019-20	9614.35	8954.08	10677.30	11103.35
	2020-21	9705.66	8954.08	10837.94	11573.97
	2021-22	9796.96	8954.08	10998.58	12125.13

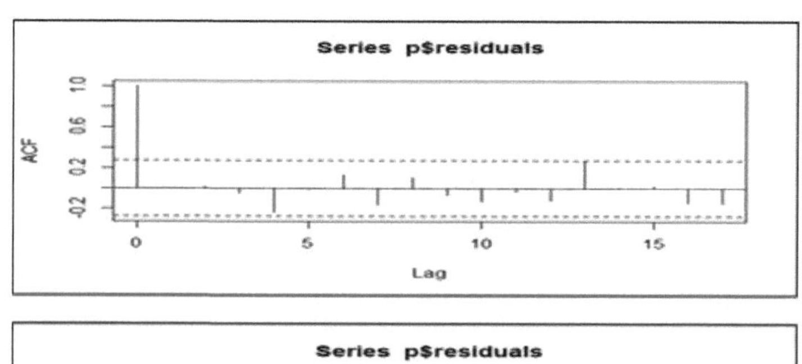
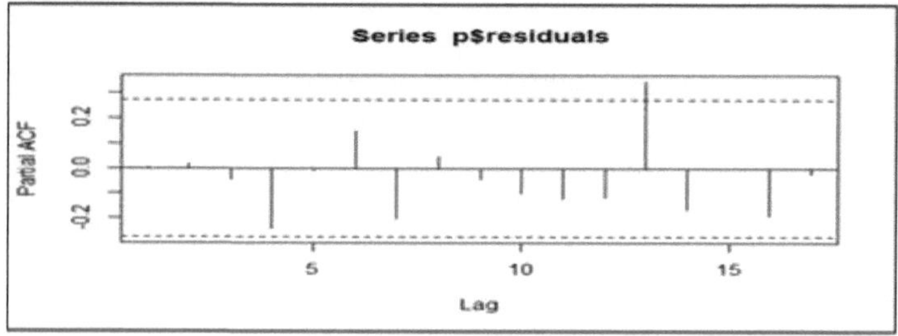

Fig. 4.4: Função de autocorrelação e função de autocorrelação parcial para a produção de milho-miúdo em Gujarat

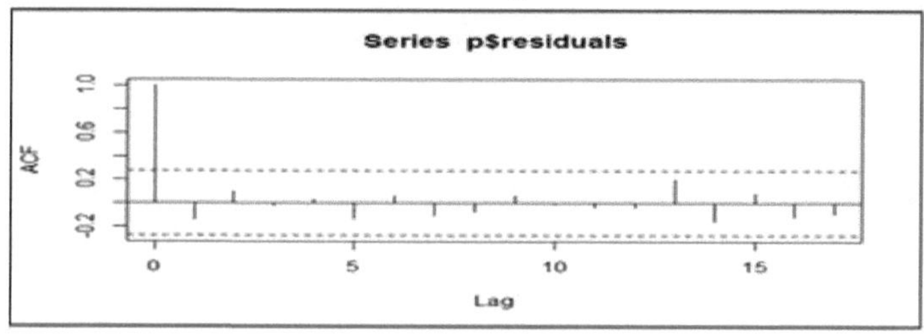
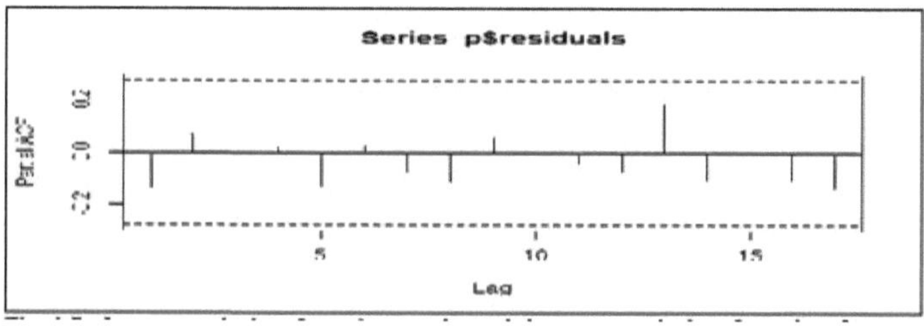

Fig. 4.5: Função de autocorrelação e função de autocorrelação parcial para a produção de milho-miúdo em Haryana

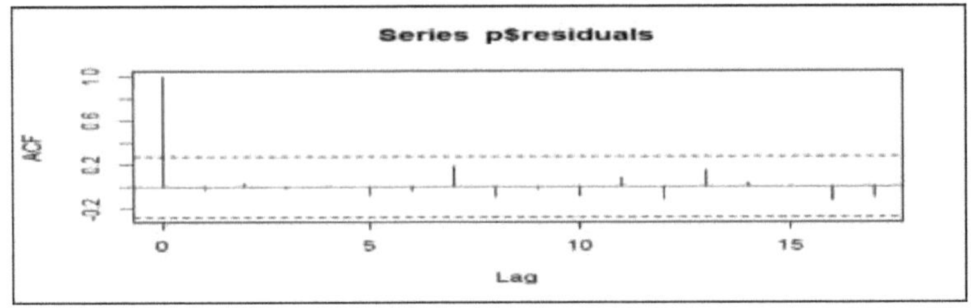

Fig. 4.6 Função de autocorrelação e função de autocorrelação parcial para a produção de pérolas de milho no Rajastão

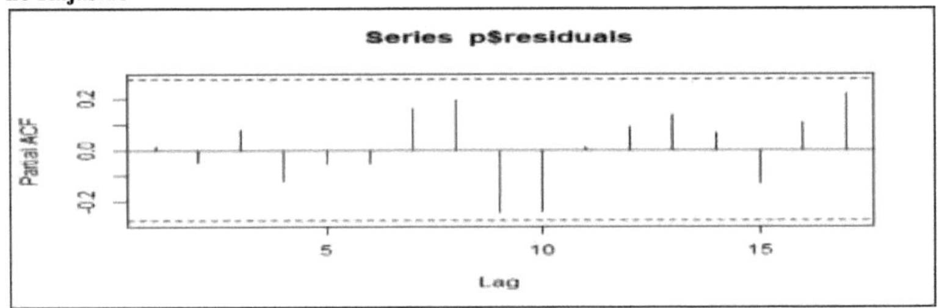

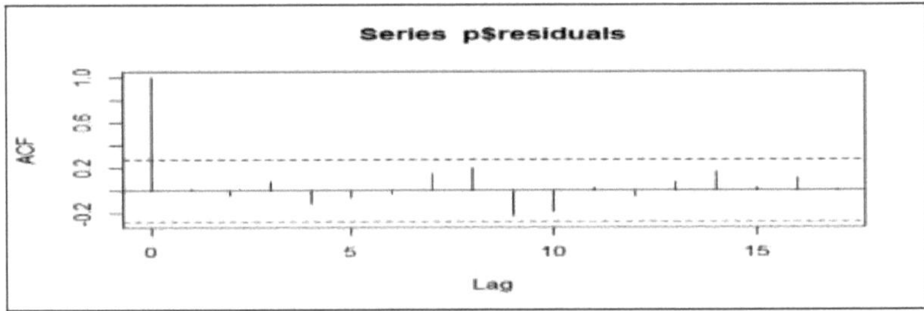

Fig. 4.7: Função de autocorrelação e função de autocorrelação parcial para a produção de milho-miúdo em Uttar Pradesh

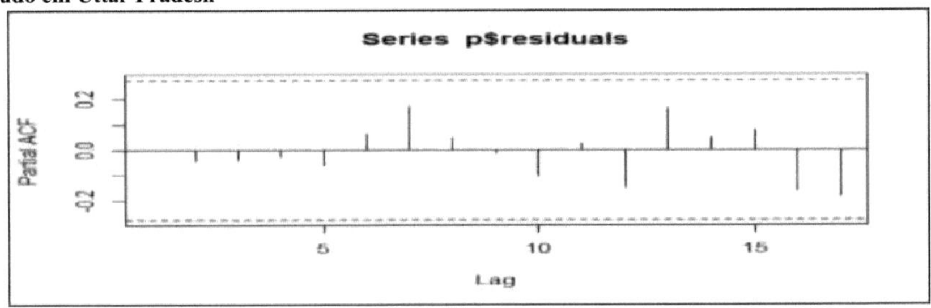

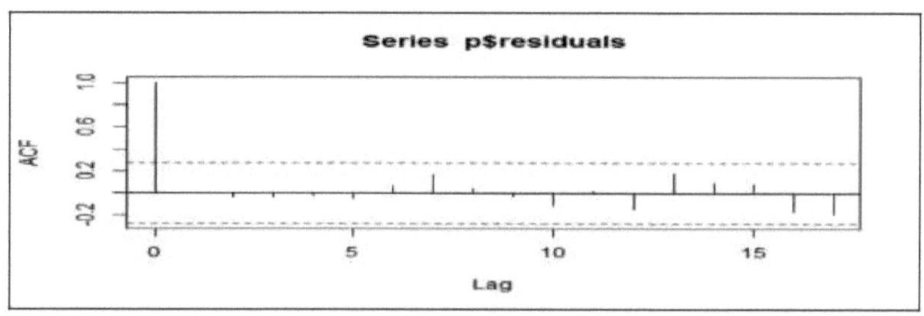

Fig. 4.8: Função de autocorrelação e função de autocorrelação parcial para a produção de milheto na Índia

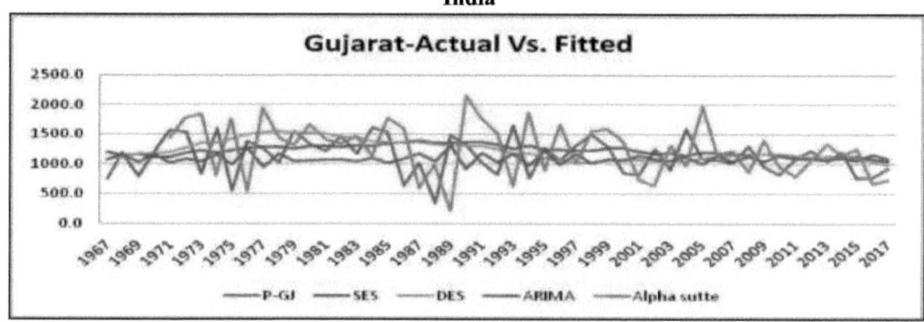

Fig 4.9: Gráfico real Vs. Gráfico ajustado da série cronológica da produção de milheto de pérola de Gujarat

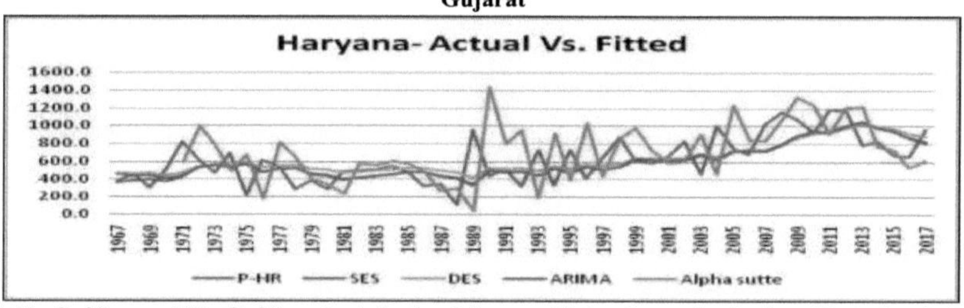

Fig 4.10: Gráfico real Vs. Gráfico ajustado da série cronológica da produção de milheto de pérola em Haryana

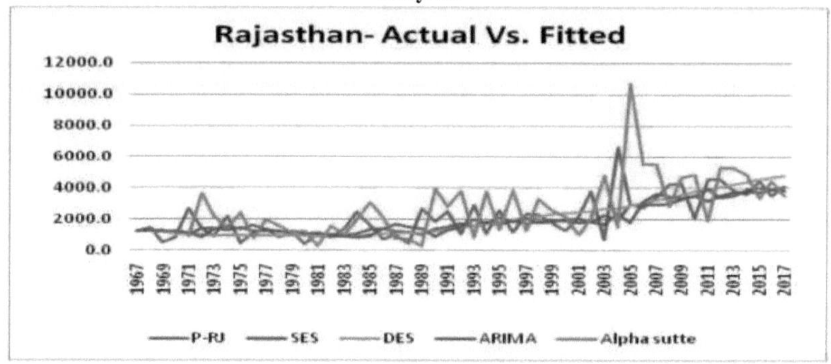

Fig 4.11: Gráfico real Vs. Gráfico ajustado da série cronológica da produção de milho-miúdo do Rajastão

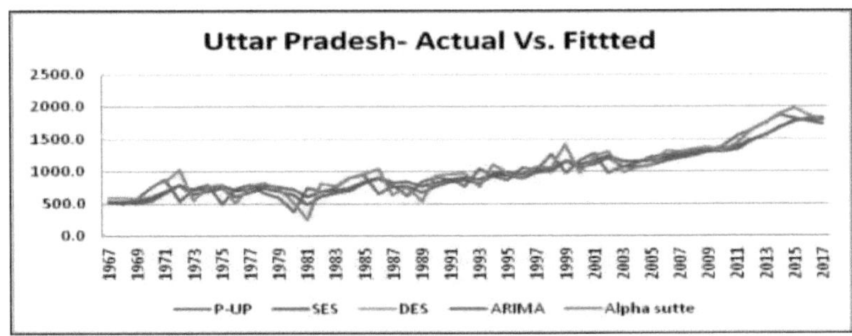

Fig 4.12: Gráfico real Vs. Gráfico ajustado da série cronológica da produção de milheto de pérola de Uttar Pradesh

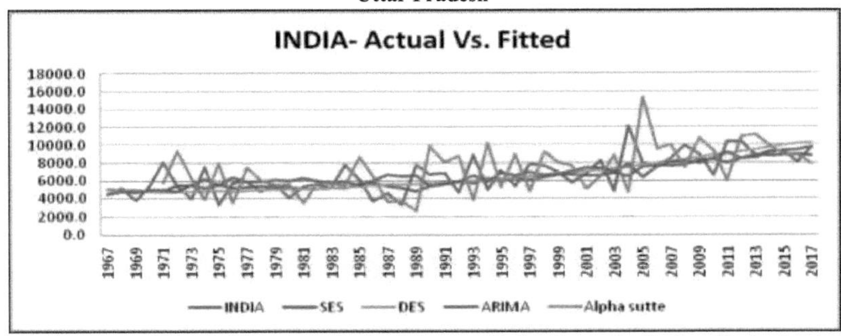

Fig 4.13: Gráfico real Vs. Gráfico ajustado da série cronológica da produção de milheto de pérola da Índia

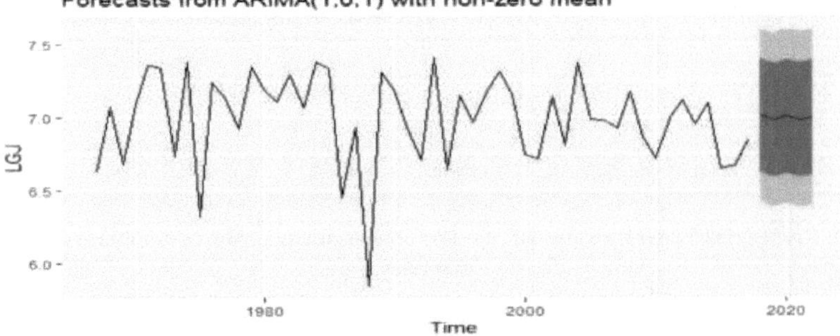

Fig 4.14: Previsão da série cronológica da produção de milheto de pérola em Gujarat

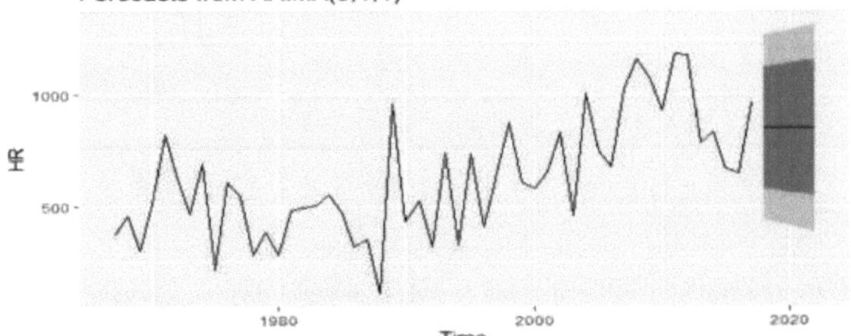

Fig. 4.15: Previsão da série cronológica da produção de milheto de pérola em Haryana

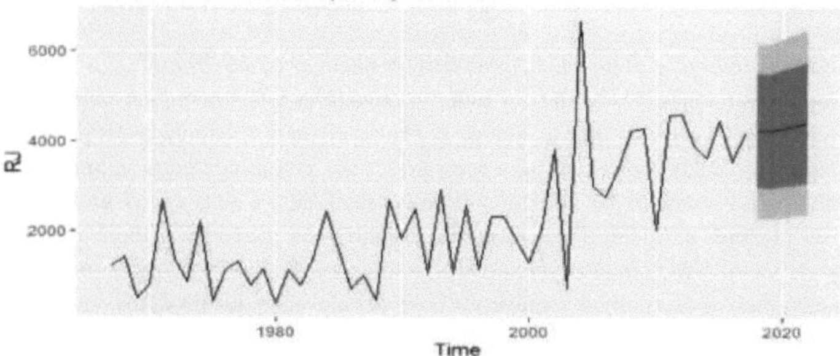

Fig. 4.16: Previsão da série cronológica da produção de milho-miúdo no Rajastão

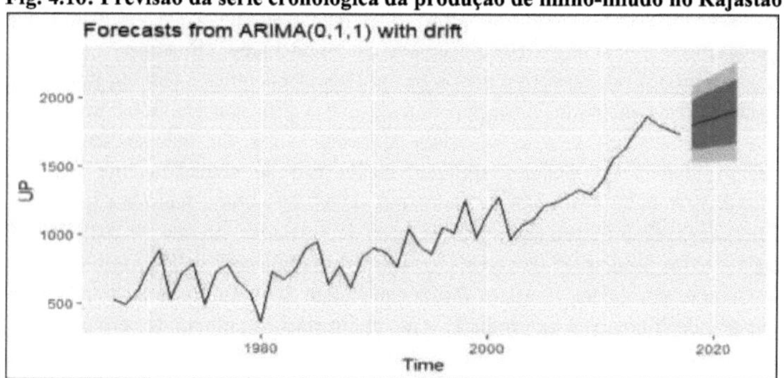

Fig 4.17: Previsão da série cronológica da produção de milheto de pérola em Uttar Pradesh

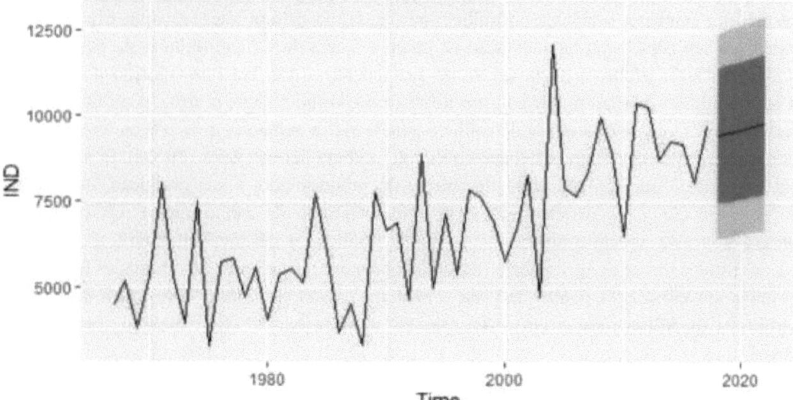

Fig. 4.18: Previsão da série cronológica da produção de milho-miúdo da Índia

CAPÍTULO V
RESUMO, CONCLUSÕES E SUGESTÕES PARA TRABALHOS FUTUROS
6.1 Resumo

O milho-miúdo (*Pennisetum glaucum* L.), também conhecido como "Bajra", é a principal fonte de alimento e forragem nas regiões áridas da Índia, cultivado especialmente em condições ambientais difíceis de tolerância à seca durante o verão. É plausivelmente tolerante a condições climatéricas agudas. Os agricultores das regiões áridas e semi-áridas são em grande parte pobres e confrontam-se frequentemente com a escassez de alimentos. Por conseguinte, os seus excedentes comercializáveis acabam por ser menores e, assim, pouca da produção entra nos mercados comerciais ou é aumentada com a edição de valor. Um grande obstáculo é o facto de culturas como o arroz, o trigo e a cana-de-açúcar continuarem a ser muito mais rentáveis. Os preços elevados dos produtos, em comparação com os dos cereais mais consumidos, estão a impedir a penetração no mercado alimentar urbano. Ultimamente, o consumo de milho-miúdo como alimento tem diminuído tanto nas zonas urbanas como nas rurais devido a várias razões, com um aumento concomitante da sua utilização nas indústrias não alimentares (Basavaraj, *et al.,* 2010). Recentemente, as alterações climáticas, a escassez de água, a sobrepopulação, a inflação dos preços e outros factores socioeconómicos têm um impacto negativo na economia agrária e constituem uma ameaça para a segurança alimentar em todo o mundo.

Apesar de a Índia ser um país com défice alimentar antes da independência, alcançou um desenvolvimento notável no estatuto agrícola, sendo não só autossuficiente mas também um exportador líquido. A Índia é o maior produtor individual da cultura, tanto em termos de área (7,5 milhões de hectares) como de produção (9,3 milhões de toneladas) no ano de 2017-18 (DES, 2020). Nos principais estados produtores de cereais grosseiros de Maharashtra, Karnataka, Andhra Pradesh, Rajasthan e Gujarat, em média, *Jowar* e *Bajra* constituem 50% do consumo total de cereais (Das, 2015). Houve grandes flutuações na produção e no rendimento do milheto de pérola durante o período (Handral & Sethy, 2017). A redução da área de cereais grosseiros devido à diversificação das culturas para cereais finos, como o arroz e o trigo, teve como resultado o declínio das quotas no total de cereais (Janaiah *et al.,* 2005). Como os 73

A população da Índia está a aumentar rapidamente, o que constitui um problema premente para o governo. Neste contexto, a cultura do milheto-pérola, como cultura alternativa ao trigo ou ao arroz, desempenhará um papel vital na satisfação da procura futura de 1,7 mil milhões de pessoas na Índia até 2050, para fazer proliferar a dimensão da sua indústria. A baixa remuneração do milho-miúdo levou os agricultores a optarem por culturas alternativas, como o trigo, o arroz, o milho, o algodão, o guar e o moong. O custo do cultivo do milheto pérola está a aumentar e os preços têm de subir para que os agricultores se mantenham fiéis ao cultivo do milheto pérola (Anon, 2020a). O presente estudo ajudará a estudar o aumento do custo de cultivo do milho-miúdo, a sua produção, os factores que afectam a produção e as perspectivas futuras da produção de milho-miúdo. Os conhecimentos adquiridos com este estudo ajudarão os decisores políticos a desenvolver novas tecnologias para reduzir os custos e tornar os agricultores rentáveis, bem como a melhorar as variedades futuras.

Tendo em conta todos estes pontos de vista, o presente estudo, intitulado **"Dinâmica da produção e rentabilidade do milho painço em diferentes Estados da Índia"**, foi realizado com os seguintes objectivos

6.1.1 Objectivos

6. Calcular as tendências de crescimento e instabilidade na área, na produção e no rendimento do milheto de pérola em diferentes estados da Índia.
7. Analisar a dinâmica de crescimento do custo e do rendimento do milho-miúdo.
8. Determinar a evolução estrutural da produção de milho-miúdo.
9. Previsão da produção de milho-miúdo.
10. Sugerir alternativas políticas adequadas para aumentar a produção de milho-miúdo.

6.1.2 Metodologia de investigação

Na Índia, a cultura do milheto-pérola concentra-se principalmente no Rajastão (45,99%), no Uttar Pradesh (19,71%), em Gujarat (9,23%) e em Haryana (8,47%), que contribuíram conjuntamente com 82,41% da produção nacional de milheto-pérola (quota de produção dos respectivos Estados em relação ao total do país; média do ET 2014-15 a 2016-17). Por conseguinte, estes quatro grandes Estados foram escolhidos para o estudo. Os dados secundários de séries cronológicas sobre a área, a produção, o rendimento e o custo de cultivo da cultura do milho-miúdo foram recolhidos entre 1997-1998 e 2016-17 para os principais Estados produtores de milho-miúdo da Índia na Direção de Economia e Estatística, Ministério da Agricultura, Governo da Índia, Nova Deli. Rajasthan, Uttar Pradesh, Haryana e Gujarat foram considerados para o presente estudo, uma vez que contribuíam com mais de 80 por cento da produção total no ano de TE 2014-15 a 2016-17. O período de estudo foi classificado em dois períodos iguais; período I: 1997-98 a 2006-07, período II: 2007-08 a 2016-17. Foram aplicadas ferramentas estatísticas como a taxa de crescimento composto, o coeficiente de variação do índice de instabilidade de Coppock, o teste F, a análise da cadeia de Markov, a regressão em painel, o ARIMA, a suavização exponencial e o indicador a-sutte, tendo sido utilizados os programas Excel, R-software, Eviews 9 e STATA-14 para analisar os dados.

6.1.3 Resultados

6.1.3.1 Crescimento e instabilidade da superfície, da produção e do rendimento

> Os resultados do crescimento e da instabilidade na Índia mostraram que a área diminuiu significativamente, com um crescimento de 3,26% no período II e de 1,40% no período total. O Uttar Pradesh foi o único Estado líder que registou um crescimento positivo da superfície de milho-miúdo, cerca de 1,30 e 0,55% durante o período II e o período global, respetivamente. A produção de milho-miúdo na Índia registou um aumento de 19,25%, passando de 9,10 para 7,63 milhões de toneladas entre o período I e o período II, com um crescimento positivo significativo de 1,83% por ano. Uttar Pradesh e Rajasthan registaram um crescimento positivo, enquanto Gujarat e outros Estados não conseguiram aumentar a produção durante o período de estudo.

> No caso do rendimento, todos os Estados, incluindo a Índia, apresentaram um crescimento positivo, exceto Gujarat, que registou um crescimento negativo significativo de 4,05% no período global.

> A área de milho-miúdo e a quota de produção no total de cereais e no total de grãos alimentares da Índia diminuíram durante o período de estudo. Em Gujarat e Haryana, a área e a quota de produção em termos da Índia, do total de cereais e do total de géneros alimentícios diminuíram durante o período de estudo, enquanto U.P. e Rajasthan registaram um crescimento positivo.

> Entre os principais cereais, a área e a quota de produção em relação ao total de cereais diminuíram no sorgo e no milheto, enquanto o trigo e o milho registaram uma tendência crescente. No caso do arroz, a parte da área aumentou, mas a parte da produção diminuiu durante o período de estudo.

6.1.3.2 Dinâmica de crescimento do custo e do rendimento

> Durante o período de estudo, o custo total C_2, o custo A_2+FL e o rendimento bruto aumentaram significativamente e registaram o valor mais elevado em Gujarat entre todos os Estados. O custo C_2 foi o mais elevado no estado de Gujarat, seguido de Haryana, Uttar Pradesh e o mais baixo em Rajastthan. A taxa de aumento foi mais elevada no Rajastão, enquanto a taxa mais baixa foi registada no Uttar Pradesh.

> O custo A_2+FL foi mais elevado em Gujarat (17281,84 ?/ha), seguido de Haryana, Uttar Pradesh, e o mais baixo em Rajasthan. Também aumentou mais em Uttar Pradesh e a taxa mais baixa foi encontrada em Gujarat.

> O rendimento bruto da produção de milho-miúdo foi mais elevado em Gujarat e o rendimento bruto mais baixo foi registado em Rajasthan.

> Os factores de produção como as sementes, os fertilizantes e o estrume, a mão de obra humana e a

mão de obra mecânica aumentaram significativamente em todos os principais Estados. Os custos de irrigação também foram considerados significativos em todos os Estados, exceto no Rajastão, e foram mais elevados no Gujarate durante todo o período. A mão de obra animal registou um declínio significativo em Haryana e U.P., enquanto Gujarat e Rajasthan registaram um crescimento positivo, mas não significativo.

> O custo do trabalho humano foi considerado como tendo a maior parte do custo total em Gujarat, Haryana e Rajasthan, enquanto o custo fixo teve a maior parte em Uttar Pradesh. Em todos os Estados, a percentagem de produtos químicos na cultura do milho-miúdo é inferior a um por cento.

> O MSP não cobriu o custo C_2 em 11 anos em Gujarat, 17 anos em Haryana, 8 anos em Rajasthan e 3 anos em Uttar Pradesh durante o período de estudo, num total de 20 anos. Não cobriu o custo pago A_{2+FL} em 1 ano em Gujarat, 2 anos em Haryana, 1 ano em Rajasthan e nenhum ano em Uttar Pradesh.

> Entre todos os Estados, o custo de produção do quintal de milho-miúdo foi mais elevado em Haryana, seguido de Rajasthan, Gujarat e Uttar Pradesh.

6.1.3.3 Mudança estrutural na produção de milho-miúdo

> Os resultados do teste F para a rutura estrutural foram significativos em Rajasthan, U.P. e Haryana em 2003, 2010 e 2006, respetivamente.

> O resultado da regressão do painel mostrou que o rácio entre o custo de cultivo e o preço (MSP) do milho-miúdo foi negativamente significativo ao nível de 1 por cento de significância, enquanto o preço da cultura concorrente foi positivamente significativo ao nível de 5 por cento de significância.

> As conclusões da matriz de probabilidade transitória no Rajastão mostraram que o milho-miúdo perde a maior parte da superfície para a cultura do milho em ambos os períodos, o que indica que a cultura do milho é a principal cultura concorrente do milho-miúdo. No Uttar Pradesh, o milho-miúdo não conseguiu manter a sua quota de superfície do ano anterior no período I e perdeu a maior quota de superfície para o arroz, cerca de 43,83%. No período II, manteve 10,73% e perdeu a maior parte da área para o arroz, cerca de 89,27%. Sendo a cultura dominante, o arroz foi selecionado como cultura concorrente do milho-miúdo no Uttar Pradesh. Do mesmo modo, o arroz em Haryana e o algodão em Gujarat foram considerados culturas concorrentes do milho-miúdo.

6.1.3.4 Previsão

> O resultado da previsão utilizando diferentes métodos varia consoante os diferentes Estados e a Índia. Os valores mais baixos de MAPE para o modelo ARIMA foram encontrados em Gujarat e Haryana no conjunto de dados de treino, enquanto Rajasthan e Índia foram encontrados no conjunto de dados de teste. Do mesmo modo, o método de alisamento exponencial duplo apresentou a MAPE mais baixa em Rajasthan, U.P. e Índia para o conjunto de dados de treino, enquanto apenas Gujarat no conjunto de dados de teste. Em Haryana e U.P., o valor mais baixo de MAPE foi observado para o indicador a-sutte. O gráfico real vs. ajustado da produção de milho pérola mostrou que o método a-sutte teve um melhor desempenho do que outros métodos de previsão.

6.2 Conclusão

> O declínio da área de milho-miúdo na Índia deveu-se ao declínio significativo da área dos principais estados produtores de milho-miúdo, com exceção do Uttar Pradesh. No entanto, a produção aumentou significativamente, com um crescimento de 1,83% em todo o período. Isto só foi possível com uma produção mais elevada nos Estados de Haryana, Uttar Pradesh e Rajasthan, que produziram, respetivamente, 1,97, 4,56 e 1,15 toneladas de milho-miúdo adicional no período II em relação ao período I.

> A produção de milho painço na Índia foi considerada três vezes mais instável do que a área devido a uma maior variação no rendimento. A superfície e a quota de produção de milho painço de pérola no total de cereais e grãos alimentares diminuíram devido ao aumento da quota de outros cereais, *como o trigo, o arroz, o milho, etc.*

> Os agricultores diversificaram as suas culturas para culturas rentáveis, como o arroz e o trigo, graças à irrigação ou à precipitação em Estados como Gujarat e Haryana. A baixa remuneração dos

cultivadores de milho-miúdo pode ser o principal fator de transferência dos agricultores para culturas mais rentáveis.

> O custo de cultivo mais elevado registou-se em Gujarat, devido ao maior consumo de factores de produção, como mão de obra, irrigação, maquinaria, fertilizantes e estrume, *etc*. O custo médio mais baixo foi registado no Rajastão, mas a taxa de aumento do custo também foi mais elevada devido ao aumento do trabalho humano e dos custos fixos.

> Insumos como sementes mostraram que o aumento do custo não se deveu apenas ao aumento da taxa por hectare, mas também ao aumento do preço por unidade de sementes.

> A quebra estrutural na série cronológica da produção de milho-miúdo pode dever-se a factores tecnológicos ou institucionais, a irrigação ou a pluviosidade afectaram a tendência da série cronológica da produção de moagem de pérolas.

> O rácio COC/preço teve um impacto negativo na produção de milho-miúdo, revelando que, com cada aumento unitário do custo de cultivo ou aumento do rácio ou declínio do preço (MSP), os agricultores mudam para outras culturas de elevado valor, como o trigo e o arroz.

> O impacto positivo do preço das culturas concorrentes pode dever-se ao facto de os pequenos agricultores e os agricultores marginais das regiões áridas e semi-áridas dependerem apenas de culturas que consomem pouca água, como o milho-miúdo. Para satisfazer as suas necessidades familiares, continuam a cultivar o milheto-pérola e, com cada aumento do preço das culturas concorrentes, a produção de milheto-pérola também aumenta em 0,22 unidades.

> Nos principais Estados, a deslocação da área de milho-miúdo para outras culturas, devido ao aumento das facilidades de irrigação, leva os agricultores a optarem por culturas de elevado valor, o que os torna mais rentáveis.

> Nenhum dos modelos de previsão foi considerado o melhor com o valor MAPE mais baixo, uma vez que este variava consoante os diferentes estados. A partir do gráfico da produção real versus a produção ajustada, o modelo a-sutte teve um bom desempenho entre todos os métodos de previsão.

6.3 IMPLICAÇÕES POLÍTICAS

1. O Governo deve tomar iniciativas para travar a continuação do declínio da área cultivada com milho-miúdo
2. Devem igualmente ser tomadas medidas para aumentar o interesse dos agricultores pelo cultivo de cereais grosseiros, aumentando a sua oferta no âmbito do PDS e incluindo o milho-miúdo como componente essencial em muitos dos regimes ou programas relacionados com a nutrição e o bem-estar.
3. A produção de milho-miúdo registou uma grande instabilidade a nível estatal e nacional, exceto no Uttar Pradesh, porque mais de cinquenta por cento do total cultivado em regiões áridas e semi-áridas exige o aumento da cobertura de irrigação desta cultura. É necessário aumentar a produção e a produtividade para manter a agricultura a longo prazo.
4. Uma vez que, durante muitos anos, os agricultores não conseguiram recuperar os seus custos pagos acima do custo C2. Por conseguinte, o preço mínimo de apoio do milho-miúdo deve ser, pelo menos, 1,5 vezes superior ao custo C2.
5. Os custos de cultivo aumentaram mais rapidamente do que os preços recebidos pelos agricultores, o que lhes causou perdas globais. Esta situação deve-se ao baixo rendimento, que deve ser reforçado através do melhoramento das variedades, da substituição das sementes das variedades antigas e de programas de gestão integrada dos nutrientes.
6. As agências governamentais de aquisição de géneros alimentícios devem ser reforçadas, uma vez que os preços implícitos recebidos pelos agricultores em muitos anos foram inferiores ao MSP. É necessário assegurar um funcionamento eficaz dos organismos de aquisição e uma política de preços favorável.
7. A estabilidade do milho-miúdo aumentou no período II, exceto em Gujarat. Para estabilizar os

rendimentos do milho-miúdo, a água de irrigação deve ser desviada de culturas que consomem muita água, como o algodão, o trigo e o arroz. Tal reforçaria a capacidade de resistência climática do país a longo prazo.

BIBLIOGRAFIA

Anónimo, 2020a. O preço da Bajra sobe devido à procura de exportação e ao consumo local. Economic Times. Disponível em https://economictimes.indiatimes.com/news/economy/agriculture/bajra- prices-rise-on-export-demand-local-consumption/articleshow/74069463.cms, acedido em, 07th abril, 2020.

Anónimo, 2020. Relatório de inteligência de mercado para painço. Disponível em https://agriexchange.apeda.gov.in/WeeklyeReport/MilletsReport.pdf, acedido em, 06th abril, 2020.

Adnan S. 2014. Mudança do padrão de cultivo de culturas convencionais para culturas de valor acrescentado orientadas para o mercado no leste de Uttar Pradesh, Índia: Variations and Causes. Assuntos Económicos 59(1): 75-87.

Ahmad D, Chani MI e Humayon AA. 2017. Principais culturas que prevêem a área, a produção e a produção de provas do sector agrícola do Paquistão. Sarhad Journal of Agriculture 33(3): 385-396.

Ahmed SI e Joshi MB. 2013. Análise da instabilidade e da taxa de crescimento do algodão em três distritos de Marathawada. Revista Internacional de Statistika e Mathematika 6(3): 121-124.

Ahmar, AS, Rahman A e Mulbar A. 2018. Indicador a-Sutte: Um novo método para a previsão de séries temporais. Jornal de Física, Conf. Série 1040.

Aloka KG e Sandeep K. 2013. Tendências da produção agrícola e padrão de cultivo em Uttar Pradesh: An overview. Revista Internacional de Inovações e Investigação Agrícola 2(2): 2319-1473.

Anbukkani P, balaji SJ e Nithyashree ML 2017. Produção e consumo de painço menor na Índia - Uma análise de rutura estrutural. Anais da Pesquisa Agrícola 38 (4): 1-8.

Ardeshna NJ e Shiyani RL 2013. Dinâmica do padrão de cultivo no estado de Gujarat: Uma abordagem de cadeia de Markov. Revista de Investigação Académica Asiática de Ciências Sociais e Humanas 1(9): 56-66.

Ashok KR e Shasikala C. 2011. Tendências da produção e comparação do custo de produção e do preço mínimo de apoio dos cereais grosseiros. Madras Agricultural Journal 98 (4-6): 189-192.

Ashwini, Byaligoudra I, Aparna B, Vani N e Naidu MG. 2019. Crescimento e instabilidade dos principais painços em Andhra Pradesh. Revista Internacional de Microbiologia Atual e Ciências Aplicadas da Índia 8(7): 985-993.

Balanagammal D, Ranganathan CR e Sundaresan R. 2000. Forecasting of Agricultural Scenario in Tamil Nadu: A Time Series Analysis. Journal of Indian Society of Agricultural Statistics 53(3): 2000 -273-286.

Basavaraj G, Rao PP, Bhagavatula S e Wasim A. 2010. Availability and utilization of pearl millet in India (Disponibilidade e utilização do painço na Índia). Jornal de Investigação Agrícola do SAT 8: 16.

Box GEP e Jenkins GM. 1976. Time series analysis: Forecasting and control, 2ª edição. Holden Day.

Chaudhary A e Jones J. 2014. Previsão do rendimento das culturas utilizando modelos de séries temporais. Journal of Economic and Economic Education Research 15: 53-68.

Chaudhary DD, Thaker KP e Pandya SP. 2015. Custo de cultivo de Bajra de verão no distrito de Banaskantha do estado de Gujarat. Jornal Internacional de Investigação Atual 7 (5):15512-15516.

Chow GC. 1960. Testes de igualdade entre conjuntos de coeficientes em duas regressões lineares. Econometrica (28):591-605.

Coppock JD. 1962. International economic instability, McGraw-Hill, Nova Iorque.

Cuddy JDA e Della Valle PA. 1978. Measuring the instability of time series data. Oxford Bulletin of Economics and Statistics 40(1):79-85.

Darekar A e Reddy AA. 2017. Previsão dos preços do algodão nos principais estados produtores. Assuntos Económicos 62(3):373-378.

Das VK. 2015. Crescimento da produtividade total dos factores do jowar e da bajra na Índia: A comparative analysis using different methods of TFP computation. Agricultural Economics Research Review 28(2):292-300.

Deb UK, Bantilan MCS, e Rai KN. (2005).Impacts of improved pearl millet cultivars in India.Pages 85-99 in Impact of Agricultural Research, Post-Green Revolution Evidence from India.In Joshi, P.K., Pal, S., Birthal, P.S., and Bantilan, M.C.S. (Eds.).New Delhi, India: National Centre for Agricultural Economics and Policy Research e Patancheru 502 324, Andhra Pradesh, Índia, International Crops Research Institute for the Semi-Arid Tropics.

Debabrata M. 2019. Quebra estrutural na produção de arroz: Um estudo com países asiáticos. International Journal of FoodandAgriculturalEconomics 7(1): 4761.

DES. 2020. Direção de Economia e Estatística, Departamento de Agricultura, Cooperação e Bem-Estar dos Agricultores, Ministério da Agricultura e do Bem-Estar dos Agricultores, Governo da Índia. Disponível em https.//eands.dacnet.nic.in/, acedido em 08th abril de 2020.

Análise económica 2017-18. Direção de Economia e Estatística, Governo de Rajasthan. Disponível em: http:// www. http://plan.rajasthan.gov.in

Egger P e Pfaffermayr M. 2000. The proper econometric specification of the gravity model equation: A three way model with bilateral trade interaction effects. Documento de trabalho, Instituto Austríaco de Investigação Económica, Viena.

Gangadevi, Zala Y, Bansal R e Jadav SK. 2016. A study of minimum support price, farm harvest price and their effect on area of major food-grain crops of Gujarat. Jornal Indiano de Economia e Desenvolvimento 12:555.

Gujarati DN. 2003. Basic Econometrics (4ª ed.). The McGraw-Hill Publication, Nova Iorque. pp 636-652.

Handral AR e Sethy JP. 2017. Tendências na produção e produtividade de jowar e bajra na Índia. Revista Internacional de Investigação em Economia Agrícola e Estatística 8(2): 243-249.

Hash CT, Yadav RS, Sharma A, Bidinger R, Devos KM, Gale MD, Witcombe JR. 2007. Release of pearl millet hybrid HHB 67-2: An improved downy mildew resistant version of HHB 667 produced by marker-assisted selection. ICRISAT Highlights, Patancheru, Andhra Pradesh. Instituto Internacional de Investigação Agrícola para os Trópicos Semi-Áridos (ICRISAT).

Janaiah A, Achoth L e Bantilan C. 2005. Has the green revolution bypassed coarse cereals? The Indian experience. The Electronic Journal of Agricultural andDevelopment Economics 2(1), 20-31.

Jangid MK, Sharma L, Burark SS, Jain HK, Meena GL e Mundra SL. 2018. Comparação do desempenho de várias culturas no estado de Rajasthan com base no preço de mercado, preços económicos e avaliação de recursos naturais. Assuntos Económicos 63(3): 709-716.

Kaur N e Kapoor R. 2018. Instabilidade nas exportações da Índia: A case of traditional and non-traditional commodities. Pacific Business Review International 10(11):97-104.

Kour S, Pradhan UK, Paul RK e Vaishnav PR. 2017. Previsão da produtividade do milheto de pérola em Gujarat no âmbito de séries cronológicas. Assuntos Económicos 62(1): 121-127.

Kumar NS, Brigit J e Muhammed JPK. 2017. Crescimento e instabilidade na área, produção e produtividade da mandioca (Manihot esculenta) em Kerala. Revista Internacional de Investigação Avançada, Ideias e Inovações em Tecnologia 4(1): 446-448.

Kumar R. 2010. Growth and instability of cereals production in Uttar Pradesh, India (Crescimento e instabilidade da produção de cereais em Uttar Pradesh, Índia). Tese de Mestrado, Departamento de Economia Agrícola, Instituto de Ciências Agrícolas, BHU, Varanasi.

Kammar A e Basvaraja H. 2012. Mudanças estruturais no padrão de cultivo na zona de transição do norte de Karnataka. Revista Internacional de Investigação em Economia Agrícola e Estatística 3(2): 197-201.

Manjunath N, Lokesha H e Deshmanya JB. 2017. Direção do comércio e alteração do padrão das exportações de produtos marinhos da Índia. Indian Journal Agricultural Research 51(5): 463-467.

Manwar MK e Nagpure SC. 2017. Mudanças estruturais no padrão de cultivo. Revista Internacional de Ciência, Ambiente e Tecnologia 6(5): 28852892.

Massell BF. 1970. Export instability and economic structure. American Economic Review 60(4): 618-630.

Meena LK. 2017. Diversificação de culturas em Rajasthan: District-wise analysis. Tese de doutoramento. Departamento de Economia Agrícola, Instituto de Ciências Agrícolas, Universidade Banaras Hindu, Varanasi.

Mitra AK. 1990. Agricultural production in Maharashtra: Growth and instability in the context of new technology. Economic and Political Weekly 25(52): A146-A164.

Moro S. 2016. Crescimento e instabilidade na área, produção e produtividade das principais culturas em Haryana vis-a-vis a Índia. Tese de Mestrado. Universidade Agrícola Chaudhary Charan Singh Haryana, Haryana.

Mula RP, Rai KN, Kulkarni VN, e Singh AK. 2007. Parceria público-privada e impacto da investigação de pais híbridos de milho-miúdo do ICRISAT.SAT e-J. 5(1).

Narayanamoorthya A, Alli P e Suresh R. 2014. Quão lucrativo é o cultivo de culturas de sequeiro? algumas percepções dos estudos de custo de cultivo. Agricultural Economics Research Review 27 (2):233-241.

Neerisha V, Rao V S, Rao DVS e Reddy GR. 2016. Um estudo sobre a previsão da área, produção e produtividade do milho-miúdo em Andhra Pradesh. Jornal de Investigação ANGRAU 44(3/4): 119-126.

Paramasivam R, Umanath M, Kavitha V, Kuzhandhaivel PA e Vasanthi R. 2017. Dinâmica do padrão de uso da terra e padrão de cultivo no distrito de Cuddalore de Tamil Nadu. Jornal Asiático de Extensão Agrícola, Economia e Sociologia 19(3): 1-10.

Parmar VK. 2019. Dinâmica da produção e resposta da oferta das principais especiarias de sementes em Gujarat, Implicações da Missão Nacional de Horticultura Tese de Mestrado, Departamento de Economia Agrícola, Faculdade de Agricultura, Universidade Agrícola de Junagadh, Junagadh.

Parthasarathy G. 1984. Taxas de crescimento e flutuações da produção agrícola: A District- wise analysis in Andhra Pradesh. Economic and Political Weekly, 19(26): A74-A84.

Paulo B, João J e Tiago R. 2020. Gestão de pastagens no sul superior: The I-30 and I-40 Corridors. Imprensa Académica, Capítulo 8: 189-226.

Raghil Raj PR. 2014. Uma análise económica do cultivo de painço no distrito de Chittor de Andhra Pradesh. Tese de Mestrado, Universidade Agrária Acharya N. G. Ranga, Andhra Pradesh.

Rahul T, Nayak AK, Raja R, Mohammad S, Anjani Kumar, Sangita M, Panda BB, Lal B e Priyanka G. 2014. Previsão da produtividade e produção de arroz de Odisha, Índia, usando modelos de média móvel integrados autorregressivos. Avanços na agricultura 1-9.

Rani S. 2019. Avaliação das consequências da mudança do padrão de cultivo na produtividade da terra e da água: um estudo de caso do estado de Haryana, Índia. Agricultural Research 8(2):252-261.

Rao D e Shahid P. 2005. Dynamics of cropping pattern in sorghum growing states of India (Dinâmica do padrão de cultivo nos Estados indianos produtores de sorgo). Indian Journal of Agricultural Economics 60(4): 644-659.

Rao PP, Basavaraj G, Bhagavatula S e Ahmed W. 2009. An analysis of availability and utilisation of sorghum grain in India, Journal of SAT Agricultural Research 8.

Sagolsem S, Mitra A e Leivang S. 2017. Análise de crescimento e instabilidade das principais culturas no Nordeste da Índia. Journal of Crop and Weed 13(1): 72-76.

Sihmar R. 2014. Crescimento e instabilidade na produção agrícola em Haryana: Uma análise a nível distrital. Revista Internacional de Ciência e Investigação 4(7): 1-12.

Sunita, Sanjay, Kavita, Jitender, KB e Mehta VP. 2017. Mudança do padrão de área, produção e produtividade das principais culturas em Haryana, Índia. Revista Internacional de Microbiologia Atual e Ciências Aplicadas 6(12): 1654-1661.

Suryavanshi SD. 1991. Resource use structure and allocative efficiency in bajra cultivation in western Maharashtra. Tese de Mestrado, Mahatma Phule Krishi Vidyapeeth, Rahuri. Maharashtra.

Suseela K e Chandrasekaran M. 2016. Crescimento e instabilidade na agricultura de terras secas de Andhra Pradesh. Revista Internacional de Ciência e Investigação Agrícola 6(2): 285-294.

Vasanta LS. 1992. Growth and instability in agriculture - An empirical analysis in coastal region of Andhra Pradesh (Crescimento e instabilidade na agricultura - Uma análise empírica na região costeira de Andhra Pradesh). Tese de Mestrado, Universidade Agrícola de Andhra Pradesh, Rajendranagar, Hyderabad.

Verma V K, Jheeba S S, Kumar P e Singh SP. 2016. Previsão de preços de bajra (Pearl Millet) em Rajasthan: Modelo ARIMA. Revista Internacional de Ciências Agrícolas 8(9):1103-1106.

Vijay N e Mishra GC. 2018. Previsão de séries temporais usando modelos ARIMA e ANN para a produção de cultura de milheto de pérola (bajra) de Karnataka, Índia. Revista Internacional de Microbiologia Atual e Ciências Aplicadas 7(12): 880-889.

Zeileis A, Leisch F, Hornik K, Kleiber C. 2002. Strucchange: Um pacote R para testar mudanças estruturais em modelos de regressão linear. Journal of Statistical Software 7(2):1-38.

Printed by Books on Demand GmbH, Norderstedt / Germany